丛书编委会

丛书主编：宋君强

丛书副主编：笪良龙　张　韧　刘永前　褚景春

丛书编委：杨理智　钱龙霞　白成祖　黎　鑫

　　　　　洪　梅　李　明　刘科峰　葛珊珊

　　　　　郝志男　胡志强　韩　爽　阎　洁

　　　　　葛铭纬　李　莉　孟　航

国家出版基金项目
"十三五"国家重点出版物出版规划项目
"海上丝绸之路"可再生能源研究及大数据建设

海上风电机组技术

葛铭纬 主 编
李 莉 孟 航 副主编
龙 凯 李 炜 袁 新 于永纯 编 委

电子工业出版社
Publishing House of Electronics Industry
北京·BEIJING

内 容 简 介

近年来，我国海上风电发展迅速，大量海上风电场投入运行。本书从海上风电机组这一核心发电设备入手，针对海上特有的风浪流耦合环境和地质条件，简要介绍海上风电机组设计技术、海上风电机组基础结构、海上风电机组施工技术、海上风电机组运行和维护、海上风电机组标准及认证等内容。

本书包含海上风电发展现状和海上风电机组运行环境等背景知识，以海上风电机组的设计、施工及运行和维护为主线进行系统介绍，可作为大学工科专业本科生和研究生学习海上风电机组的参考书，也可作为风电工程技术人员的参考书，部分内容也可作为大众科普读物。

未经许可，不得以任何方式复制或抄袭本书之部分或全部内容。
版权所有，侵权必究。

图书在版编目（CIP）数据

海上风电机组技术/葛铭纬主编．—北京：电子工业出版社，2022.7
（"海上丝绸之路"可再生能源研究及大数据建设）
ISBN 978-7-121-43701-4

Ⅰ．①海… Ⅱ．①葛… Ⅲ．①海上工程-风力发电机-发电机组-研究 Ⅳ．①TM315

中国版本图书馆 CIP 数据核字（2022）第 096300 号

责任编辑：桑 昀
印　　刷：天津嘉恒印务有限公司
装　　订：天津嘉恒印务有限公司
出版发行：电子工业出版社
　　　　　北京市海淀区万寿路 173 信箱　邮编 100036
开　　本：720×1 000　1/16　印张：17.75　字数：345.6 千字
版　　次：2022 年 7 月第 1 版
印　　次：2024 年 1 月第 3 次印刷
定　　价：125.00 元

凡所购买电子工业出版社图书有缺损问题，请向购买书店调换。若书店售缺，请与本社发行部联系，联系及邮购电话：(010)88254888，88258888。
质量投诉请发邮件至 zlts@phei.com.cn，盗版侵权举报请发邮件至 dbqq@phei.com.cn。
本书咨询联系方式：(010)88254579。

前　言

大力发展风力发电（简称风电）是我国能源变革的重要战略，也是我国实现"30·60"碳达峰、碳中和目标的重要路径。碳达峰、碳中和是一场广泛而深刻的经济社会系统变革。可以预见，在未来几十年，中国工业的技术结构、产业结构和发展方式将会发生重大变化。风力发电是可再生能源中一种非常重要的利用形式。全球已有 90 多个国家都对风力发电进行规模化的开发和建设。自 2010 年起，中国风力发电装机容量已经超过美国，成为全球风力发电装机容量最大的国家。截至 2020 年底，全球累积风力发电装机容量超过 733GW，中国风力发电装机容量占比超 35%。2020 年，全球新增风力发电装机容量为 111GW，中国新增风力发电装机容量占比近 65%。

近年来，我国海上风电发展迅速，大量海上风电场开工建设，一些大型风电机组投入运行。与陆上风电相比，海上风电环境复杂、施工难度大、运维成本高，加上我国海上风资源品质较差（平均风速低、极端风速高）、风电机组与关键零部件可靠性低等限制因素，度电成本较高。在此背景下，本书从海上风电机组这一核心发电设备入手，针对海上特有的风浪流耦合环境和地质条件，简要对风电机组设计技术、海上风电机组基础结构、海上风电机组施工技术、海上风电机组运行和维护、海上风电机组标准及认证等方面进行介绍。本书可作为大学工科专业和研究生学习海上风电机组的参考书，也可作为风电工程技术人员的参考书，部分内容也可作为大众科普读物。

本书内容编排如下。第 1 章绪论，介绍了海上风电的发展现状。第 2 章介绍了海上风电机组运行环境。前两章为读者提供了了解海上风电和海洋环境的背景知识。针对海上风电和海洋环境条件：第 3 章了介绍海上风电机组设计技术；第 4 章介绍了海上风电机组基础结构；第 5 章主要对海上风电机组施工技术进行了介绍；第 6 章介绍了海上风电机组运行和维护。这 4 章以设计、施工及运行和维护为主线对风电机组进行了系统介绍，构成了本书的主体部分。为使读者对海上风电机组有一个较为全面的认识：第 7 章介绍了海上风电对海洋的影响；第 8 章对海上风电机组标准及认证进行了简要介绍。

在本书撰写过程中，得到了很多专家学者的帮助，华北电力大学风力发电教研室的部分研究生也参与了书稿的整理，在此一并表示感谢。由于编者水平有限，书中错误和疏漏在所难免，敬请广大读者批评指正。

编　者

目 录

第1章 绪论 ... 1

1.1 全球海上风电的发展与现状 ... 1
- 1.1.1 海上风资源概况 ... 1
- 1.1.2 全球海上风电的发展 ... 3
- 1.1.3 国际主要海上风电项目 ... 5

1.2 中国海上风电的发展与现状 ... 7
- 1.2.1 中国海上风浪条件概况 ... 8
- 1.2.2 中国海上风电的发展 ... 10
- 1.2.3 中国代表性的海上风电机组项目 ... 12

1.3 海上风电机组技术 ... 14
- 1.3.1 海上风电机组技术现状 ... 14
- 1.3.2 国际主要大型海上风电机组 ... 17
- 1.3.3 中国目前主要的大型海上风电机组 ... 20

参考文献 ... 25

第2章 海上风电机组运行环境 ... 27

2.1 台风 ... 27

2.1.1　台风的形成条件 ·· 28
　　2.1.2　台风的结构 ·· 29
　　2.1.3　中国沿海地区台风气候特征 ·· 30
　　2.1.4　台风对风电机组设计的影响 ·· 33
2.2　海洋水文环境 ·· 37
　　2.2.1　海流 ·· 37
　　2.2.2　海浪 ·· 39
　　2.2.3　海冰 ·· 40
2.3　海洋地质 ·· 42
　　2.3.1　海洋沉积物 ·· 42
　　2.3.2　海域分类 ·· 43
2.4　其他海洋环境 ·· 44
　　2.4.1　气候环境 ·· 44
　　2.4.2　盐雾 ·· 46
　　2.4.3　雷电 ·· 46
参考文献 ·· 47

第3章　海上风电机组设计技术 ·· 49

3.1　一体化设计 ·· 49
　　3.1.1　内容与意义 ·· 49
　　3.1.2　传统设计与一体化设计对比 ·· 50
　　3.1.3　优势与难点 ·· 52
　　3.1.4　应用 ·· 55
3.2　可靠性设计 ·· 57
　　3.2.1　概述 ·· 57

3.2.2 机械零部件可靠性设计 ... 62
3.2.3 齿轮箱可靠性设计 ... 65
3.2.4 发电机可靠性设计 ... 68
3.2.5 变流器可靠性设计 ... 70
3.2.6 展望 ... 72
3.3 防台风设计 ... 73
3.3.1 台风的基本特征 ... 73
3.3.2 台风对风电机组造成的破坏 ... 74
3.3.3 防台风设计技术 ... 76
3.3.4 其他防台风措施 ... 82
3.3.5 总结 ... 82
3.4 防腐蚀设计 ... 83
3.4.1 概述 ... 83
3.4.2 腐蚀环境与腐蚀速率 ... 91
3.4.3 防腐蚀设计形式 ... 95
3.5 防雷设计 ... 98
3.5.1 雷电的形成与危害 ... 98
3.5.2 雷电破坏机理 ... 100
3.5.3 防雷设计原则与定义 ... 101
3.5.4 防雷击措施 ... 105
3.5.5 防雷装置的检查和维护 ... 108
参考文献 ... 109

第4章 海上风电机组基础结构 ... 113
4.1 海上风电机组基础结构种类 ... 113

4.1.1 桩（承）式基础 ………………………………… 113
4.1.2 重力式基础 ……………………………………… 115
4.1.3 桁架式导管架基础 ……………………………… 116
4.1.4 多桩承台基础 …………………………………… 116
4.1.5 桶式基础 ………………………………………… 117
4.1.6 漂浮式基础 ……………………………………… 118
4.2 海上风电机组基础设计 ……………………………… 119
4.2.1 动力学设计 ……………………………………… 119
4.2.2 动力学方程数值解法 …………………………… 120
4.2.3 疲劳设计 ………………………………………… 124
4.3 基础防护设计 ………………………………………… 131
4.3.1 基础防撞设施 …………………………………… 131
4.3.2 防冲刷防护处理措施 …………………………… 135
4.4 本章小结 ……………………………………………… 138
参考文献 …………………………………………………… 138

第5章 海上风电机组施工技术 ………………………… 139

5.1 海上风电机组基础结构施工 ………………………… 139
5.1.1 单桩基础施工 …………………………………… 140
5.1.2 多桩基础施工 …………………………………… 148
5.1.3 多桩承台基础施工 ……………………………… 151
5.1.4 导管架式基础施工 ……………………………… 154
5.1.5 重力式基础施工 ………………………………… 156
5.1.6 浮式基础施工 …………………………………… 158
5.1.7 桶式基础施工 …………………………………… 160

5.1.8　各种基础施工的优缺点对比 …………………………………… 161

　5.2　海上风电机组安装施工 ……………………………………………………… 162

　　　5.2.1　单叶式安装施工 …………………………………………………… 162

　　　5.2.2　兔耳式安装施工 …………………………………………………… 166

　　　5.2.3　三叶式安装施工 …………………………………………………… 169

　　　5.2.4　各种安装方式的优缺点对比 ……………………………………… 173

　5.3　海上风电机组海缆施工 ……………………………………………………… 175

　　　5.3.1　海缆及海缆附件的选择 …………………………………………… 175

　　　5.3.2　海缆铺设施工装备 ………………………………………………… 178

　　　5.3.3　海缆铺设施工技术 ………………………………………………… 180

　5.4　本章小结 ……………………………………………………………………… 186

参考文献 ………………………………………………………………………………… 187

第6章　海上风电机组运行和维护 …………………………………………… 188

　6.1　可靠性的特征量 ……………………………………………………………… 188

　　　6.1.1　概率指标 …………………………………………………………… 188

　　　6.1.2　寿命指标 …………………………………………………………… 191

　　　6.1.3　可修复产品的维修指标 …………………………………………… 192

　6.2　海上风电机组故障分类 ……………………………………………………… 194

　　　6.2.1　叶片和变桨系统故障 ……………………………………………… 194

　　　6.2.2　主轴承故障 ………………………………………………………… 196

　　　6.2.3　偏航系统故障 ……………………………………………………… 198

　　　6.2.4　齿轮箱 ……………………………………………………………… 199

　　　6.2.5　发电机和变流器故障 ……………………………………………… 200

　　　6.2.6　其他故障 …………………………………………………………… 202

6.3 海上风电机组状态监测技术 ·· 204
　　6.3.1 用于状态监测的信号及检测技术 ··························· 207
　　6.3.2 风电大数据平台 ·· 213
6.4 海上风电机组故障诊断技术 ·· 215
　　6.4.1 海上风电机组故障诊断技术概述 ··························· 216
　　6.4.2 风电机组齿轮传动系统扭转振动模型及固有特性
　　　　　分析 ··· 217
　　6.4.3 风电机组齿轮传动系统振动响应分析 ····················· 219
　　6.4.4 风电机组齿轮传动系统故障模型 ··························· 221
　　6.4.5 风电机组传动链健康状态实时评价模型 ·················· 223
6.5 海上风电场运维 ·· 225
　　6.5.1 天气因素 ·· 225
　　6.5.2 运维人员 ·· 225
　　6.5.3 备品备件 ·· 226
　　6.5.4 维护方法 ·· 226
　　6.5.5 海上交通方式 ··· 229
参考文献 ·· 230

第7章 海上风电对海洋的影响 ·· 233

7.1 对环境的影响 ·· 233
　　7.1.1 对物理环境的影响 ··· 233
　　7.1.2 对化学环境的影响 ··· 234
7.2 海上风电对生物的影响 ··· 243
7.3 融合发展新模式 ·· 245
　　7.3.1 海上风电+海洋牧场 ··· 245

  7.3.2 海上风电+波浪能 ·················· 246
  7.3.3 海上风电+制氢、储氢 ············· 246
 参考文献 ·· 247

第8章 海上风电机组标准及认证 ············· 249

 8.1 概述 ·· 249
 8.2 海上风电机组标准 ······································ 249
  8.2.1 通用的几类标准 ························ 249
  8.2.2 海上风电机组标准的挑战 ········ 252
 8.3 海上风电机组认证 ······································ 254
  8.3.1 风电机组认证的发展 ················ 254
  8.3.2 海上风电机组型式认证 ············ 255
  8.3.3 海上风电机组项目认证 ············ 264
 8.4 风险评估 ·· 269
 参考文献 ·· 270

第1章 绪论

1.1 全球海上风电的发展与现状

海上风资源丰富,距离负荷中心近,不需要占用土地,已成为风力发电开发的重要方向。自1991年世界上第一座海上风电场在丹麦温讷比安装并投入运营以来,海上风电产业快速发展,海上风电机组技术不断进步。2009年,全球海上风电总装机容量仅占风电装机容量的1%。截至2020年底,该比例已提升至4.5%以上,风电机组单机容量也不断增大。2000年,全球陆上新增风电机组的平均单机容量为0.75~1MW,发展至2020年已达到2.9MW。2000年,海上新增风电机组平均单机容量为1MW,2020年已经突破6MW。

据全球风能协会(GWEC)预测,2021—2025年期间,海上风电复合年增长率为31.5%,到2025年,新增风电装机容量可能会增加到2020年6.1GW的4倍,全球海上风电市场将增加70GW以上[1]。在新兴市场扩张和全球能源转型加速的支撑下,海上风电将在全球风电市场的整体增长中发挥越来越重要的作用。

1.1.1 海上风资源概况

相比陆上,海上风资源得天独厚,风速较高且稳定,优势主要表现在以下几个方面:(1)海上风资源更为丰富,根据已经建成的海上风电场运行数据，离岸距离为 10km 的海上风电场，其风速通常比沿岸陆上高 25% 左右；(2) 海上风况湍流强度较小，主导风向比较稳定，可显著降低风电机组承受的疲劳载荷，增加风电机组的运行寿命；(3) 海面粗糙度较小，风电场风切变更小，在设计风电机组时可采用较低的塔架，使成本得到降低。

在全球尺度上，美国国家可再生能源实验室利用 QuikSCAT 卫星的洋面风散射数据，结合美国国家大气研究中心（NCAR）和美国气象环境预报中心（NCEP）联合发布的 NCAR/NCEP 再分析资料和海上观测站资料，模拟出了全球海上 50m 高度的风资源分布。经分析：赤道附近，处于赤道无风带，风速最小；南北回归线附近，属于信风带，风速大；南北半球纬度 30°左右，属于副热带无风带，风速相对较小；纬度更高一些的区域，属于盛行西风带，风速普遍很大，如欧洲北海地区，风速较大，盛行西风，南半球纬度为 40°~60°之间的咆哮西风带，常年刮极强的西风；两极地区，属于极地东风带，风速也比较大。

从大气环流的角度来看，全球海上风资源的分布与全球气压带和风带的分布虽然密切相关，但在具体海域，由于受区域气候（如季风、海陆风等）和地形（狭管效应、岬角效应、海岸效应等）的影响，风资源呈局地性规律，如我国台湾海峡，受狭管效应的影响，经常出现东北或西南方向的大风。南非的好望角，由于陆地向海中凸出，造成气流辐合，流线密集，形成岬角效应，因此经常出现极高风速等恶劣状况。

英国卢瑟福·阿普尔顿实验室和丹麦 RISO 实验室利用 NCAR/NCEP 再分析资料和欧洲各国的海洋观测资料，采用 WASP 模型推算，得出了欧洲 50m 高度的海上风资源分布。结果显示，在欧洲的三个主要海域（北海、波罗的海和地中海）中，风资源最丰富的海域为北海，其大部分地区的年平均风速超过 9m/s，越靠西，风速越大，如在英国的西海岸，有些海域的平均风速可达 10m/s 以上；波罗的海的风资源也较为丰富，平均风速为 8m/s 左右；地中海的风资源相对较差，大部分地区的平均风速为7m/s左右。

美国国家可再生能源实验室以NCAR/NCEP资料为基础，结合观测站实测资料、GIS资料以及卫星数据，运用数值模拟的方法进行综合模拟和分析，得到了美国海上90m高度的风资源分布。美国海上风资源丰富，东海岸北部和西海岸中部的风速最大，可达到9.5m/s以上，五大湖地区、东海岸中部和墨西哥湾的德克萨斯州沿海地区，平均风速基本在8~9m/s之间。

中国国家气候中心通过模拟得到了中国近海70m高度的风资源分布。结果显示，中国近海海域风资源丰富，在渤海、黄海、东海和南海四大海域中，东海的风资源最丰富，之后依次是渤海、南海和黄海。其中，台湾海峡是中国近海风能密度最高的区域，平均风速达8.5m/s以上，局部超过9m/s；浙江沿海、广东东部沿海和渤海辽东湾的平均风速均为8m/s以上；其他海域的平均风速大都在7.5m/s以上；北部湾北部和黄海中部的风资源相对较差，平均风速为7m/s左右。我国5~25m水深线以内的近海区域、海平面以上50m高度风电装机容量约为200GW，具备巨大的海上风电开发潜能。我国丰富的海上风资源储备为我国大规模的海上风电开发提供了有利条件。

1.1.2 全球海上风电的发展

对于全球海上风电来说，欧洲和亚洲占据主要市场地位。根据GWEC于2021年3月25日发布的《2021全球风能报告》，截至2020年底，全球海上风电装机容量达到35.293GW，2020年全球新增海上风电装机容量达到6.068GW。其中，大部分海上风电分布在欧洲的北海、波罗的海、爱尔兰及英吉利海峡等各海域，其余部分海上风电分布在中国、日本、韩国和美国。截至2020年底，英国是海上风电装机容量最大的国家，约为10.206GW；其次是中国，约为9.996GW，德国约为7.728GW，比利时约为2.262GW；之后是丹麦、荷兰以及瑞典。中国海上风电项目主要分布在广东、福建、江苏三个省。目前，中国海上风电项目主要在近岸浅海区，又称为潮间带海上风电项目，离岸较远的深海海上风电项目仍在持续发展中。

欧洲发展海上风电较早，经历了试验示范、规模化应用、商业化发展三个阶段[2]。1991年，丹麦建成了世界上首个近海风电场Vindeby，安装了11台单机容量为450kW的风电机组。此后至2000年，海上风电的发展一直处于试验示范阶段。2001年，丹麦Middelgrunden海上风电场建成运行，安装了20台2MW的风电机组，总装机容量为40MW，成为首个规模级海上风电场。欧洲海上风电从此进入规模化应用阶段。此后每年都新增海上风电装机容量，风电机组单机容量均超过1MW，至2010年，欧洲海上风电装机容量累计达2946MW。2011年，欧洲新建海上风电场的平均规模近200MW，风电机组单机容量平均为3.6MW，离岸距离为23.4km，水深为22.8m，欧洲海上风电开发进入商业化发展阶段，并朝着大规模、深水化、离岸化的方向发展。2012年，比利时建成的Thornton Bank2海上风电场的风电机组单机容量已达6MW，2013年建成的当时世界最大的海上风电场——英国的London Array海上风电场，总装机容量为630MW。2017年，英国投建全球首个漂浮式海上风电场Hywind Scotland。2019年，全球海上风电装机容量新增5.2GW，单年新增装机容量创历史新高，全球共有23个在建海上风电项目，容量共为7GW。2020年，尽管受到新冠病毒的影响，全球海上风电行业新增装机容量还是保持了增长势头，新增装机容量超过6GW。其中，中国海上风电年新增装机容量领先世界，2020年新增海上风电装机容量超过3GW。

目前，中国已成为全球最大的海上风电市场。从2007年中国在渤海湾安装第一台试验样机以来，中国海上风电发展迅速，已成为带动全球海上风电发展的引擎。截至2016年底，中国累计海上风电装机容量达1.6GW，超过丹麦的1.27GW，排名全球第三位。2020年，中国新增吊装海上风电机组787台，新增装机容量达3.845GW，新增海上风电装机容量位列全球第一。截至2020年底,中国累计海上风电装机容量突破10GW,装机总容量全球第二,仅次于英国。2016-2020年全球海上风电新增装机容量如图1-1所示。

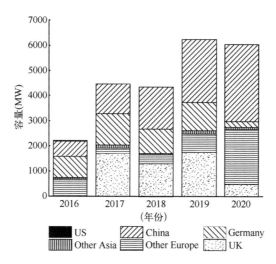

图1-1 2016-2020年全球海上风电新增装机容量

(数据来源:GWEC《2021全球风能报告》)

1.1.3 国际主要海上风电项目

开发海上风电投资金额大、技术难度大,度电成本通常远高于传统陆上风电。在海上风电的快速发展中,许多大型风电开发企业、设备制造企业正积极探索海上风电发展之路,并涌现出了一大批建设水平高、具有代表性的海上风电项目。在此,选取全球具有代表性的海上风电项目进行介绍。

1. Hornsea I 海上风电场

Hornsea I 海上风电场由海上风电巨头 Ørsted 开发,装机容量为1.2GW,安装有174台西门子歌美飒的7MW海上风电机组,于2020年1月30日全部并网发电。Hornsea I 海上风电场是目前世界上最大的海上风电场,占地$407km^2$,位于英国约克郡海岸约120km的北海。该项目是第一个能够产生超过1000MW电力的海上风电场，所产生的电力能满足超过100万户英国家庭的能源需求。

2. Walney Extension 海上风电场

Walney Extension 海上风电场位于英格兰沃尔尼岛，离岸为19km，占地约为145km²。该项目同样由海上风电巨头 Ørsted 开发，于2018年9月正式投入运营。Walney Extension 海上风电场总装机容量为659MW，装有87台风电机组。其中，47台为维斯塔斯的 MHI 8MW 风电机组，风轮直径达195m；其余40台为西门子歌美飒的7MW风电机组，风轮直径为188m。该项目产生的清洁电力能够为60万户家庭供电。

3. LondonArray 海上风电场

LondonArray 海上风电场位于英国肯特海岸20km外，装有175台来自西门子歌美飒的3.6MW风电机组，总装机容量为630MW。该风电场总投资金额为15亿英镑（约合144.87亿元人民币），在2018年前是世界上最大的海上风电场。

4. Gemini 海上风电场

荷兰 Gemini 海上风电场位于北海，距格罗宁根海岸约为85km，装机容量为600MW，于2017年正式投产，可为约785 000户家庭供电。该海上风电场拥有150台西门子歌美飒的4MW风电机组。

5. Beatrice 海上风电场

Beatrice 海上风电场位于苏格兰 Wick 北岸大约13km处，于2019年7月投产，比 Hornsea 1 海上风电场早几个月，装机容量为588MW，拥有84台西门子歌美飒的7MW海上风电机组。Beatrice 海上风电场可为超过45万户家庭提供清洁、可再生的电力，预计在25年的寿命期内，可减少约800万吨的有害碳排放。

6. Hywind Scotland 漂浮式海上风电场

Hywind Scotland 漂浮式海上风电场于 2017 年建成投产，是世界上第一个漂浮式海上风电场，位于苏格兰彼得黑德以东 25km 处，地处英国北海，占用海域面积为 4km²，水深在 95~120m 之间。该风电场装机容量为 30MW，共包括 5 台漂浮式风力发电机组。该机组的风轮直径为 154m，总高度达 253m，安装在 Spar 式基础上，通过三个吸力锚锚链固定在海床上，浮动基础的重量约为 3200 吨，包括超过 1000 吨的高密度混凝土。Hywind Scotland 漂浮式海上风电场造价约为 1.9 亿英镑，由挪威国家石油公司和阿联酋阿布扎比马斯达尔公司联合运营。Hywind Scotland 漂浮式海上风电场的成功运行，证明了漂浮式海上风电场的可行性。

1.2 中国海上风电的发展与现状

我国拥有发展海上风电的天然优势，可利用海上风资源丰富，海岸线长达 18000km，可利用海域面积约为 300000km²。根据中国气象局第四次（2008—2010）全国风资源评估结果，在我国 5~25m 水深线以内近海区域、海平面以上 50m 高度范围内，风电装机容量约为 200GW。虽然我国海上风电起步较晚，但发展非常迅速。2007 年，我国在渤海湾安装了第一台海上风电实验样机，2010 年建成第一个大型近海风电场——上海东海大桥风电场，到 2017 年我国已建成 17 个海上风电场。截至 2020 年底，我国海上风电总装机容量首次突破千万千瓦。其中，2020 年新增容量超过 3.845GW，占全球新增容量的 50.45%，连续三年领跑全球[3]。2020 年 9 月，中国在第 75 届联合国大会上提出"3060"目标，标志着我国海上风电将迎来迅猛发展的新阶段。

1.2.1 中国海上风浪条件概况

我国海上风资源的利用在现阶段主要集中在近海。中国近海位于西太平洋边缘，地跨热带、亚热带和温带，东西横跨约32个经度，南北纵贯44个纬度，冬夏季风交替显著，气候差异大[4]。近海33°N以南盛行东北风，浙江中部至广东东部近海海域年平均风速达8m/s以上，台湾海峡中部平均风速达9m/s以上。其原因是这一海域冬季盛行东北风，夏季盛行西南风，台湾岛的地形走向与盛行风向一致，显著的狭管作用使气流在这里明显增强。33°N以北盛行风向不稳定，风速为6~7m/s。一般来讲，我国沿海按地理位置分为4个区，即暖温带季风气候区的渤海、黄海，亚热带季风气候区的东海，大部分海域为热带季风气候区的南海[5]。

1. 渤海

渤海是一个近封闭的内海，地处中国大陆东部北端，南北长为55km，东西宽约为236km，海域面积为77284km^2，大陆海岸线长为2668km。渤海海域平均水深为18m，最深处为85m，20m以下的海域面积占一半以上，是我国最浅的内海。渤海海区年平均风功率密度可达200~500W/m^2，大于6m/s的风速累积小时数为4000~6000h，年平均风速为6~9m/s[6]。

渤海风向具有明显的季节变化，冬季盛行偏北风，夏季盛行偏南风，春秋为过渡季节。沿岸年平均风速一般为5~6m/s，近海年平均风速为7m/s左右，6级以上的大风日数平均每年有50~60天，主要出现在冬春季，多为西北或东北风。

渤海海域波浪以风浪为主，具有明显的季节性：10月至翌年4月盛行偏北浪；6~9月盛行偏南浪；冬季海浪最盛，浪高通常为0.8~0.9m；夏秋之间，偶有大于6.0m的台风浪。风浪以渤海海峡和中部为最大，辽东湾和渤海湾较小。

2. 黄海

黄海是太平洋西部的一个边缘海，位于中国大陆与朝鲜半岛之间，是一个近似南北向的半封闭浅海。黄海面积约为380000km²，平均深度约为44m，海底平缓。黄海海区年平均风功率密度可达250~600W/m²，大于6m/s的风速累积小时数为4000~6500h，年平均风速为7~9.5m/s[6]。

受季风影响，黄海冬季寒冷、干燥，夏季温暖、潮湿。黄海海域风向受季节影响较大，10月至翌年3月，北部多为西北风，平均风速为6~7m/s，南部多北风，平均风速为8~9m/s；4月为季风交替季节，风向不稳定；5月，偏南季风开始出现；6~8月，盛行南到东南风，平均风速为5~6m/s。黄海海域6级（10.8~13.8m/s）以上的大风，四季都有出现，冬季强度大，春季次数多。

黄海海域南部和北部波浪差异明显，北部一般以风浪为主，南部多见涌浪。从9月至翌年4月，北部多西北浪或北浪，南部以北浪为主。6~8月，北部多东南浪或南浪，南部以南浪为主。黄海海域的风浪在秋冬两季最大，大浪区常出现在成山角和济州岛附近海域，春夏季风浪稍小。黄海海域的涌浪是夏秋季大于冬季，浪高一般多为0.1~1.2m。

3. 东海

东海是我国陆架最宽的边缘海，东北至西南长约为1296km，东西宽约为740km，海域面积约为770000km²。东海大陆架平均水深为72m，全海域平均水深达349m，最深处约为2700m，年平均风功率密度达500~1500W/m²，年平均风速为7~11m/s，大于6m/s的风速累积小时数为5000~7000h[6]。

东海海域风速、风向与地理位置、季节变化密切相关：冬季，北部海区盛行偏北风，南部海区盛行东北风，平均风速为9~10m/s；春季，北部海区盛行偏北风，南部海区盛行东北风，平均风速为 5.5~7.5m/s；夏季，东海海域均盛行南向风，平均风速为 5~6.5m/s；秋季，整个海域均盛行东北风，平均风速为 7~9m/s。

东海海域波浪同样受季风影响：春季，海浪以东北浪为主，平均浪高为 0.8~1.4m；夏季，海浪以偏南向为主，平均浪高为 1~1.4m；秋季，盛行东北向的海浪，平均浪高为 1.2~2.2m；冬季，盛行东北向的海浪，平均浪高为 1.6~2.4m。

4. 南海

南海为中国近海中面积最大、水域最深的海区。南海面积约为 3500000km^2，平均水深为 1212m，最深处为 5559m，年平均风功率密度达 500~1500W/m^2，大于 6m/s 的风速累积小时数为 5000~7000h，年平均风速为 7~11m/s[6]。

冬季，南海大部分海区盛行东北风，平均风速为 6~11m/s；春季，大部分海域盛行东北偏东风，北部湾平均风速为 5.5~7m/s，中部海域平均风速为 4~5.5m/s，低纬度海域平均风速在 4m/s 以内；夏季，盛行西南季风，平均风速为 5~7.5m/s。南海大风频率以东北部海区冬季月份为最大，频率一般都在 20% 以上，向南逐步减小。

春季，南海北部海域海浪偏东向，平均浪高为 1~1.4m，中南部海浪偏东北向，平均浪高为 0.8~1m；夏季，中北部平均浪高在 1.2~1.6m 之间，低纬度海域的浪高在 0.6m 以内；秋季，北部以东海浪偏东北向，浪高为 1.8~2.4m，中部以东北向的海浪为主，浪高为 1.4~1.8m；南部海浪偏北向，浪高为 0.6~1.4m；冬季，大部分海域平均浪高在 1.6m 以上。

1.2.2 中国海上风电的发展

我国东部沿海地区虽然经济发达，用电负荷大，电网系统较强。东部海上风资源品质高，非常适宜开发海上风电。2007年，我国在渤海湾钻井平台安装了1.5MW实验机组，为开发海上风电拉开了序幕。2009年和2010年，我国在江苏如东潮间带建设32.5MW试验风电场，共安装16台试验样机，表明我国已经基本掌握大型风电机组的制造技术，能够生产2MW以上适合海上风资源的风电机组。2010年，中国建设完成上海东海大桥102MW海上风电场，并全部并网发电。这是中国首个真正意义上的大型海上风电场。同年，在国家能源发展规划的指导下，国家发展改革委制定了《可再生能源发展"十二五"规划》，要求在"十二五"期间加快风电开发，发挥沿海风资源丰富、电力市场广阔的优势，积极稳妥地推进海上风电的发展。至2016年1月，我国海上风电场已投产约为750MW，主要包括上海东海大桥海上风电示范项目（102MW）、江苏如东潮间带实验风电场（32.5MW）、江苏如东潮间带示范风电场（200MW）、江苏响水近海风电场（200MW）、江苏如东近海风电场（150MW）。

2016年11月，国家能源局印发的《风电发展"十三五"规划》提出，到2020年，风电累计并网装机容量确保达到210GW以上。其中，海上风电并网装机容量达到5GW以上。2017年5月4日，国家发展改革委联合国家能源局印发《全国海洋经济发展"十三五"规划（公开版）》，提出应因地制宜、合理布局海上风电产业，鼓励在深远海建设离岸式海上风电场，调整风电并网政策，健全海上风电产业技术标准体系和用海标准。

至2019年底，中国在建海上风电项目达13个，全球占比为56.5%。从装机容量分布来看，中国在建海上风电项目的装机容量高达3.7GW，占全球在建海上风电项目装机容量的52.9%。2020年，我国海上风电新增装机容量为3.845GW，占全球新增装机容量的50.45%，继续领跑全球。截至2020年底，我国海上总装机容量突破10GW，已超过德国，成为仅次于英国的全球第二大海上风电市场。

2020年9月22日，中国在第75届联合国大会上提出"3060"目标，我国将提高国家自主贡献力度，采取更加有力的政策和措施，二氧化碳的碳排放力争于2030年前达到峰值，努力争取到2060年前实现碳中和，并提出，到2030年，风电、太阳能发电总装机容量将达到1200GW以上。为响应国家"3060"目标，各地方政府积极吹响发展海上风电的号角，大力支持海上风电的发展。山东省发展改革委发布《山东省新能源和可再生能源中长期发展规划（2016—2030年）》，启动海上风电开发建设。广东省培育新能源战略性新兴产业集群行动计划（2021—2025年），争取于2025年前实现海上风电平价上网，到2025年底累计投产海上风电约15GW。2021年2月10日，浙江省发展改革委公布《浙江省能源发展"十四五"规划（征求意见稿）》，到2025年，力争全省风电装机容量达到6.3GW，其中海上风电装机容量为5GW。

1.2.3　中国代表性的海上风电机组项目

1. 上海东海大桥海上风电示范项目

上海东海大桥风电场是中国第一个大型海上风电示范项目，也是亚洲第一个海上风电场项目，位于上海市临港新城至洋山深水港东海大桥两侧1000m外沿线，装机容量为102MW，总投资为22.8亿元，安装34台单机容量为3MW的华锐海上风电机组。这些风电机组可组成4个联合单元，通过4回35kV海缆接入岸上110kV升压变电站，并入上海市电网。2011年，东海大桥风电场全年发电量为225.84GW·h，年等效满负荷小时数为2214小时。该项目每年可减少标煤消耗量约8.6万吨，减排二氧化碳约为23万吨[7]。

该项目在我国风电场建设史上创造了多项第一：第一次采用自主研发的

3MW离岸型风电机组，标志着我国大功率风电机组装备制造业跻身世界先进行列；第一次采用海上风机整体吊装工艺，大大缩短了海上施工周期，创造了一个月在工装船上组装10台、海上吊装8台的记录；在世界上第一次使用高桩承台基础设计，有效解决了高耸风机承载、抗拔、水平移位的技术难题。东海大桥海上风电场的成功建成，推动了我国海上风电场设计、设备制造、海工机具和施工建设整个产业链的发展。

2. 江苏如东海上风电场示范项目

江苏如东150MW风电场是我国首个潮间带风电场，位于江苏省如东县外侧的潮间带海域，受季风影响，夏季盛行偏南风，冬季盛行偏北风，年风向分布较分散，主导风向东南风，90m高度年平均风速为7.22m/s，风功率密度为381W/m^2，风资源具有较好的开发价值[8]。

风电场装机容量为149.3MW，共安装17台华锐3MW、21台西门子2.3MW和20台金风2.5MW的风电机组。2011年6月正式开工建设，2013年4月全部并网投产。

3. 江苏响水近海风电场示范项目

江苏响水近海风电场2015年8月首批风电机组吊装，2016年12月所有风电机组并网发电，是当时国内一次性建成的单体最大海上风电场，位于江苏省响水县灌东盐场、三圩盐场外侧海域，离岸距离约为10km，沿海岸线方向长约13.4km，涉海面积为34.7km^2，水深为8~12m。风电场总装机容量为202MW，共安装37台单机容量为4MW的风电机组和18台单机容量为3MW的风电机组。

项目建成后，年上网电量约为506.69GW·h，按火力发电标煤耗320g/kW·h估算，每年可节约标煤18.27万吨，每年可减少CO_2排放量7.38万吨，减少灰渣4.35万吨。

1.3 海上风电机组技术

1.3.1 海上风电机组技术现状

由于海上风电设计、制造、施工难度大，运行和维护成本高，因此海上风电机组不断向大型化发展，智能化水平显著提升，深远海漂浮式机组逐步走向成熟。

海上风电机组技术主要有以下特点。

1. 单机容量不断增大，叶片长度已超过百米

为提高风能捕获率、降低度电成本，海上风电机组不断向大型化发展。叶片是实现风能转换的关键部件。叶片长度是决定风电机组容量的重要因素。翼型和叶片气动设计技术、叶片结构设计技术的发展，叶片材料的研发与制造工艺的进步，为实现叶片大型化提供了有力支撑。目前，海上风电机组叶片长度已超过百米，如2021年2月下线的双瑞风电机组SR210叶片长度为107m，维斯塔斯V236-15.0MW设计机型的叶片长度已达到115.5m，明阳智能MySE 16.0-242海上机型的叶片长度为118m，预计样机将于2022年下线，2024年开始实现商业化生产。

2. 智能化水平不断提升

海上风电场投资大、运行环境特殊、运维可达性差、运维工作困难，对风电机组可靠性设计和智能化水平提出了更高的要求。为了提高风力发电机组的发电量，降低设计、运营和维护成本，创新的数字智能技术正逐步用于海上风电设计、制造、运行及维护的全过程，建设大数据平台，融合互联网技术、大数据、云存储前沿技术，进行资源评估、风电场定制化设计、智能风场管理，整合风电场运维过程各环节的数据，融入故障诊断、健康状态预警、功率精准预测、风机优化运行等专业技术，建设智慧运营平台[9]。

3. 海洋环境适应性不断增强

风电机组对海洋环境适应性不断增强。在海洋环境下要考虑风电机组各部件对海水和高潮湿气候的防腐、控制系统岸上重置和重新启动、特殊情况下置风电机组于安全停机位置等多种问题。与陆上风电机组相比，海上风电机组参数更加优化，设计更加合理，不仅加入了防台风设计、防腐设计、防撞击设计、抗震设计，还采用更先进的控制策略，可靠性、适应性不断增强。

4. 深远海漂浮式风电机组逐步成熟

深远海环境复杂、潜在风险大，采用传统的固定式基础，尺寸大、造价高，且依靠目前的技术难以实现。采用漂浮式基础的风电机组对深远海的适应性较强，施工难度较小，运维成本低，具有良好的应用前景[10]。漂浮式基础结构主要由锚链、锚、浮箱组成。目前，挪威国家石油公司开发的Hywind单柱式漂浮技术已实现小规模商业化，由PPI开发的Windfloat半潜式漂浮式基础和Ideol开发的阻尼池半潜式漂浮式基础等基础概念设计已跨入商业化阶段。

5. 技术标准不断完善

在陆上风电机组相关标准的基础上，海上风电机组技术标准正在不断完善。海上风电机组技术的国际标准有《漂浮式风力发电机组的设计要求》（IEC 61400-1）、《固定式海上风电机组的设计要求》（IEC 61400-3）等。

近几年，随着中国海上风电机组技术和产业的不断发展，海上风电机组设计、运行等方面的国家标准也不断完善。《海上风力发电场设计标准》（GB/T 51308—2019）适用于不包括漂浮式基础结构的新建、扩建、改建并网型海上风力发电场工程的设计。《海上风力发电场勘测标准》（GB/T 51395—2019）统一了海上风电场工程勘测的内容、方法和技术要求。《海上风电场风力发电机组基础技术要求》（GB/T 36569—2018）规定了海上风电机组基础环境条件、设计选型及运行和维护技术要求。《沿海及海上风电机组防腐技术规范》（GB/T 33423—2016）规定了沿海及海上风电机组采用涂层和阴极保护联合防腐蚀的总则、涂层防护、阴极保护、腐蚀检测系统。《海上风电场热带气旋影响评估技术规范》（GB/T 38957—2020）规定了海上风电场热带气旋影响评估区域确定、资料收集与处理、热带气旋风险评估和热带气旋发电效益评估的技术方法。《海上风力发电机组运行和维护要求》（GB/T 37424—2019）规定了海上风力发电机组运行和维护相关的安全、人员、设备、环境、管理要求。《海上风电场运行和维护规程》（GB/T 32128—2015）规定了海上风电场运行和维护基本技术要求。

此外，与海上风电相关的行业标准，也对海上风电产业的健康发展起到了重要作用。《海上风电场工程规划报告编制规程》（NB/T 31108—2017）规范了海上风电场工程规划报告的编制内容、深度和要求。《海上风电场风资源测量及海洋水文观测规范》（NB/T 31029—2012）规定了海上风电场风资源测量及海洋水文观测的内容、方法和要求。《海上风电场升压站运行规程》（NB/T 10322—2019）适用于无人值守的海上风电场升压站。《海上风电场工程钻探规程》（NB/T 10106—2018）规范了海上风电场工程钻探的规定。《海上风电场工程测量规程》（NB/T 10104—2018）适用于海上风电场工程的测量。《海上风电场工程岩土试验规程》（NB/T 10107—2018）规范了海上风电场工程的岩土试验。《海上风电场交流海底电缆选型敷设技术导则》（NB/T 31117—2017）规范了海上风电场交流海底电缆选型和铺设。《海上风电场工程预可行性研究报告编制规程》（NB/T 31031—2012）规定了海上风电场工程预可行性研究报告编制的原则、程序、内容、深度及报告的编写要求。《海上风电场工程概算定额》（NB/T 31008—2011）是编制可行性研究报告设计概算文件的指导性依据，是国家有关部门和单位监督项目投资管理的计价基础，是工程项目编制招标标底、投标报价、合同管理的计价参考。《海上风电场工程概算定额》（NB/T 31008—2019）规定了海上风电场工程概算定额、施工船舶艘班费定额。

1.3.2 国际主要大型海上风电机组

1. 维斯塔斯 V174-9.5MW 与 V236-15.0MW 海上风电机组

（1）V174-9.5MW 海上风电机组

V174-9.5MW 海上风电机组的额定功率为 9.5MW，风轮直径为 174m，叶片长度为 85m。机舱长为 21m，宽为 9m，高为 9m，重约 390 吨。轮毂高度约为 110m。叶尖高度约为 197m，扫风面积约为 23779m^2。V174-9.5MW 海上风电机组发布于 2019 年 2 月，技术参数见表 1-1。

表 1-1 V174-9.5MW 海上风电机组技术参数

参 数 类 型	技 术 参 数
额定功率	9500/9600kW
切入风速	3m/s
切出风速	25m/s
风电机组等级	IEC IB 或 IB，T 适用于海上环境
标准工作温度范围	-15℃~+25℃，降级工作区间为+25℃~+35℃
最大噪声	112.9dB（A）
风轮直径	174m
扫风面积	23779m^2
空气动力制动装置	三个叶片顺桨

（2）V236-15.0MW 海上风电机组

2021 年 2 月 7 日，维斯塔斯发布 V236-15.0MW 海上风电机组。该机型高达 260m，风轮扫风面积超过 43000m^2，年发电量高达 80GW·h，设计寿命为 25 年以上。首台 V236-15.0MW 海上风电机组样机于 2022 年安装。该机型计划于 2024 年批量生产。V236-15.0MW 海上风电机组技术参数见表 1-2。

表 1-2　V236-15.0MW 海上风电机组技术参数

参 数 类 型	技 术 参 数
额定功率	15000kW
切入风速	3m/s
切出风速	30m/s
风电机组等级	IEC S 或 S，T 适用于海上环境
标准工作温度范围	-10℃～+25℃，降级工作区间为+25℃～+45℃
最大噪声	118dB（A）
风轮直径	236m
扫风面积	43742m^2
空气动力制动装置	三个叶片顺桨

2. 美国 GE 公司的 Haliade-X 与 Haliade 150-6MW 海上风电机组

（1）Haliade-X 海上风电机组

Haliade-X 系列海上风电机组有 14MW、13MW 与 12MW 等容量。Haliade-X 叶片长为 107m，叶轮直径达 220m，叶尖高度为 248m，扫风面积为 38000m^2，年发电量可达 63～74GW·h。Haliade-X 海上风电机组技术参数见表 1-3。

表 1-3　Haliade-X 海上风电机组技术参数

Haliade-X	12MW	13MW	14MW
输出功率（MW）	12	13	14
风轮直径（m）	220	220	220
总高度（m）	248	248	248
频率（Hz）	50&60	50&60	50&60
综合年发电量（GW·h）	≤68	≤71	≤74
容量系数（%）	63	60%～64%	60%～64%
IEC 风力机等级	IB	IC	IC

(2) Haliade 150-6MW 海上风电机组

Haliade 150-6MW 海上风电机组适用于大多数海上条件，风轮直径为150m（叶片伸展为73.5m），技术参数见表1-4。

表1-4　Haliade 150-6MW 海上风电机组技术参数

参 数 类 型	技 术 参 数
额定功率	6MW
轮毂高度	100m
风轮直径	150m
扫风面积	17860m^2
IEC 风力等级	I-B IEC-61400-1/IEC-61400-3
塔筒类型	钢筒
转子类型	永磁直驱

3. SIEMENS Gamesa 的 SG14-222 DD 和 SG8.0-167 DD 海上风电机组

(1) SG14-222 DD 海上风电机组

2020年5月19日，西门子歌美飒发布 SG 14-222 DD 海上直驱风电机组。该机组标定容量为14MW，叶轮直径为222m，叶片长度为108m，扫风面积可达39000m^2。SG 14-222 DD 海上风电机组计划于2021年完成原型设计，2024年上市，技术参数见表1-5。

表1-5　SG 14-222 DD 海上风电机组技术参数

参 数 类 型	技 术 参 数
IEC 等级	I，S
额定功率	14MW
风轮直径	222m
叶片长度	108m
扫风面积	39000m^2
轮毂高度	特定地点
功率调节	变桨调节，变速

(2) SG 8.0-167 DD 海上风电机组

SG 8.0-167 DD 海上风电机组是根据亚太地区的台风和地震活动、高低温环境等各种气候环境研发的，直驱式风电机组，符合亚太地区规范标准，适合以中国台湾为例的亚太地区海上风电市场环境，技术参数见表1-6。

表1-6 SG 8.0-167 DD 海上风电机组技术参数

参数类型	技术参数
额定功率	8.0MW
IEC等级	I，S
风轮直径	167m
叶片长度	81.4m
扫风面积	21900m^2
轮毂高度	特定地点
功率调节	变桨、变速调节

1.3.3 中国目前主要的大型海上风电机组

1. 金风科技的 GW175-8.0MW 和 GW6.X MW 海上风电机组

(1) GW175-8.0MW 海上风电机组

GW175-8.0MW 海上风电机组的额定功率为8MW，叶轮直径为175m，技术参数见表1-7。

表1-7 GW175-8.0MW 海上风电机组技术参数

参数类型	技术参数
额定功率	8.0MW
设计风区等级	IEC S
切入风速	3m/s
额定风速	12m/s
切出风速	25m/s（25-30暴风模式）

续表

参数类型	技术参数
设计使用寿命	25年
机组运行温度	-10℃~+40℃
机组生存温度	-20℃~+50℃
风轮直径	175m
扫风面积	23916m²
适应环境	海上、抗台

（2）GW6.X MW 海上风电机组

GW6.X MW 海上风电机组平台采用直驱永磁技术，技术参数见表1-8。

表1-8 GW6.X MW 海上风电机组技术参数

机型	GW154/6700	GW164/6450	GW171/6450
额定功率（kW）	6700	6450	6450
设计风区等级	IEC S	IEC S	IIIB
切入风速（m/s）	3	3	3
额定风速（m/s）	12	11.5	10.5
切出风速（m/s）	25	25	25
设计平均风速（m/s）	10	8.5	7.5
10min最大风速（m/s）	57	50	37.5
设计使用寿命（年）	25	25	25
叶轮直径（m）	154	164	171
扫风面积（m²）	18617	21124	22960

2. 上海电气的 GS8.0-167 和 6.25-172 台风型中低风速海上风电机组

（1）GS8.0-167 海上风电机组

GS8.0-167 海上风电机组是上海电气直驱平台目前推出的最大容量的产品，按照 IEC-I 类风区设计，叶片、塔架、风速风向仪、变桨锁和控制系统针对台风进行了进一步优化，可应对各种台风工况，符合包括 IEC 61400、DNV-GL 热带飓风风机设计认证标准和中国台风型风力发电机组标准 GB/T 31519 在内的一系列设计规范要求，采用全功率变频技术，使用永磁同步电机，变桨系统采用液压变桨，叶片整体一次成型，技术参数见表 1-9。

表 1-9　GS8.0-167 海上风电机组技术参数

参数类型	技术参数
额定功率	8.0MW
叶片长度	81.4m
切入风速	3m/s
额定风速	12~14m/s
切出风速	25m/s
设计使用寿命	25 年
叶轮直径	167m
扫风面积	21900m^2
风区类型	IEC I

（2）GS6.25-172 台风型中低风速海上风电机组

GS6.25-172 台风型中低风速海上风电机组技术参数见表 1-10。

表 1-10　GS6.25-172 台风型中低风速海上风电机组技术参数

参数类型	技术参数
风区等级	IEC S
叶轮直径	172m
扫风面积	23235m^2
功率调节方式	变桨变速
切出风速	25m/s（25-30 暴风模式）
额定功率	6250kW
轮毂中心高度	110m（根据项目定制）
切入风速	3m/s

续表

参数类型	技术参数
切出风速	25m/s
运行温度范围	-20℃~40℃
生存温度范围	-30℃~50℃
设计使用寿命	25年

3. 明阳风电 MySE6.0MW 系列风电机组

MySE6.0MW 系列风电机组采用半直驱紧凑型传动技术路线，针对中国海上风资源和海洋环境等特点设计开发，具有发电效率高、可靠性高、防腐散热性能优良、抗台性能优异及运维成本低等优势。MySE6.0MW 系列风电机组基础参数见表1-11。

表1-11 MySE6.0MW 系列风电机组基础参数

机型	MySE5.5-155	MySE7.25/7.0-158	MySE6.45-180	MySE8.3-180
额定功率（kW）	5500	7250/7000	6450	8300
设计风区等级	IECIB	IECIB	IECS	IECS
切入风速（m/s）	3	3	3	3
额定风速（m/s）	10.1（静态）	11.1（静态）	10.5（静态）	11.3（静态）
切出风速（m/s）	30（3s平均）	30（3s平均）	30（3s平均）	30（3s平均）
设计使用寿命（年）	25	25	25	25
适应环境	海上、抗台			

4. 中国海装的 H151-5MW 和 H152-6.2MW 海上风电机组

（1）H151-5MW 海上风电机组

2016年10月15日，中国海装的5MW海上风电机组批量化生产下线，技术参数见表1-12。

表 1-12 中国海装的 5MW 海上风电机组技术参数

机 组 型 号	H127-5MW	H151-5MW
额定功率（kW）	5000	5000
叶轮直径（m）	127	151
切入风速（m/s）	3.5	3.5
额定风速（m/s）	12.1	10.6
切出风速（m/s）	25	25
设计使用寿命（年）	25	25
可用性设计	≥95%	≥95%

（2）H152-6.2MW 海上风电机组

2020 年 7 月，中国海装 H152-6.2MW 海上风电机组下线，技术参数见表 1-13。

表 1-13 H152-6.2MW 海上风电机组技术参数

参数类型	技术参数
额定功率	6.2MW
适用风区	IEC IB
切入风速	3m/s
额定风速	10.5m/s
切出风速	25m/s
设计使用寿命	25 年
叶轮直径	152m
轮毂高度	96m

5. 湘电风能的 XE 6.X-7.X 系列和 XE128-5000 海上风电机组

（1）XE 6.X-7.X 系列海上风电机组

湘电风能 XE 6.X-7.X 系列海上风电机组，采用直驱永磁风力发电机技术和中压变频器技术，技术参数见表 1-14。

表 1-14　XE 6.X-7.X 系列海上风电机组技术参数

机 组 型 号	XE174-6450	XE185-6500	XE174-7250	XE174-8000
额定功率（kW）	6450	6500	7250	8000
叶轮直径（m）	174	185	174	174
切入风速（m/s）	3	3	3	3
额定风速（m/s）	11	10.5	11.5	12.5
切出风速（m/s）	25	25	25	25
设计使用寿命（年）	25	25	25	25
扫风面积（m^2）	23778	26880	23778	23778
适用风区	IEC S	IEC S	IEC S	IEC S

（2）XE128-5000 海上风电机组

湘电风能 XE128-5000 是中国首台海上 5MW 风电机组，于 2015 年 11 月在福建莆田平海湾吊装，共安装 10 台。XE128-5000 海上风电机组技术参数见表 1-15。

表 1-15　XE128-5000 海上风电机组技术参数

参 数 类 型	技 术 参 数
额定功率	5MW
适用风区	IEC IB
切入风速	3m/s
额定风速	11.5m/s
切出风速	25m/s
设计使用寿命	25 年
叶轮直径	128m
扫风面积	12773m^2

参考文献

[1] Global Wind Report 2021 [R]. Global Wind Energy Council (GWEC), 2021.

[2] 张蓓文, 陆斌. 欧洲海上风电场建设 [J]. 上海电力, 2007, 20 (2): 7.

[3] 刘桢, 俞炅旻, 黄德财, 等. 海上风电发展研究 [J]. 船舶工程, 2020, 42 (8): 6.

[4] 齐浩. 中国近海风资源气候区划 [D]. 青岛: 中国海洋大学, 2015.

[5] 张金接, 符平, 凌永玉. 海上风电场建设技术与实践 [M]. 北京: 中国水利水电出版社, 2013.

[6] 国民海洋意识发展指数课题组. 国民海洋意识发展指数报告 [M]. 北京: 海洋出版社, 2017.

[7] 林毅峰, 李健英, 沈达, 等. 东海大桥海上风电场风机地基基础特性及设计 [J]. 上海电力, 2007, 20 (2): 5.

[8] 邱颖宁. 海上风电场开发概述 [M]. 2017, 11: 38-41.

[9] 许国东, 叶杭冶, 解鸿斌. 风电机组技术现状及发展方向 [J]. 中国工程科学, 2018, 20 (3): 7.

[10] 刘超, 徐跃. 漂浮式海上风电在我国的发展前景分析 [J]. 中外能源, 2020 (2): 6.

第 2 章
海上风电机组运行环境

海上环境复杂，风电机组的设计和运行与海上风况、海洋水文、地质条件等息息相关。与欧洲不同，我国沿海台风频发，水文环境和地质条件较为复杂。本章将从台风、水文和地质条件等方面介绍海上风电机组运行环境。

2.1 台风

台风是产生于热带海洋上的一种强烈气旋。在北太平洋西部、国际日期变更线以西，包括南海范围内，风速超过 32.6m/s 的强热带气旋被称为台风。台风经过时常伴随着大风和暴雨天气。由于台风是气旋的一种，因此中心气压低，底层风由四周向中心汇集。在北半球，台风的风向呈逆时针方向。

根据国家标准《热带气旋等级》（GB/T 19201—2006），以热带气旋底层中心附近最大平均风速为标准，将热带气旋分为 6 个等级，见表 2-1[1]。

表 2-1 热带气旋划分

热带气旋等级	底层中心最大平均风速（m/s）	底层中心附近最大风力（级）
热带低压（TD）	10.8~17.1	6~7
热带风暴（TS）	17.2~24.4	8~9
强热带风暴（TST）	24.5~32.6	10~11
台风（TY）	32.7~41.4	12~13
强台风（STY）	41.5~50.9	14~15
超强台风（SuperTY）	≥51	16 以上

台风过境时所带来的大风和暴雨天气，对风电机组的运行有着不可忽视的影响。在海上极端天气下，认识台风的形成、结构、路径特征、强度、时空规律、登陆衰减规律等是风电机组的设计基础。

2.1.1 台风的形成条件

台风发生在南北纬 5°~25°之间有足够宽阔的热带洋面上。在热带海洋上，洋面因受太阳直射而使水温升高，海水容易蒸发成水汽散布在空中，热带洋面上的空气因温度高而膨胀，致使密度降低，质量减轻，又因为赤道附近风力微弱，因此很容易上升，发生对流作用。与此同时，周围的冷空气流入补充，再上升，如此循环不已，最终使整个气柱充满温度较高、质量较轻、密度较小的空气，形成热带低压。然而，空气是从高气压区流向低气压区的，四周高气压的空气势必向低气压处流动，从而形成风，当近地面最大风速达到或超过 32.6m/s 时，就称为台风。

形成台风必须具备以下条件：

- 需要足够广阔的热带洋面。热带洋面上的底层大气温度和湿度主要决定于洋面水温，且水温要高于 26.5℃，在 60m 的深海水中，水温都要超过这个数值。

- 在台风形成之前，要有一个弱的热带涡旋存在。台风的形成和运动都需要能量。台风的能量来自热带洋面上的水汽。在一个事先已经存在的热带涡旋里，涡旋内的气压比四周低，周围的空气挟带大量的水汽流向涡旋中心，并在涡旋内不断向上运动，湿空气上升，水汽凝结，释放出巨大的凝结潜热，促使台风形成。

- 要有足够大的地球自转偏向力。地球自转作用有利于气旋性旋涡的生成。自转偏向力在赤道附近接近于 0，向南北两极增大，故台风多发生在离赤道 5 个纬度以上的洋面上。

- 在弱低压上方,高低压空气之间的风向风速差别要小。在这种情况下,上下空气柱一致行动,高层空气中的热量容易积聚,从而增暖。气旋一旦生成,则摩擦层以上的环境气流将沿等压线流动,高层增暖作用也就能进一步完成。在20°N以北地区,气候条件发生了变化,主要是高层风很大,不利于增暖,台风不易出现。

2.1.2 台风的结构

台风的环流结构近似轴对称,外貌类似圆柱体。台风区域分为台风眼、旋涡风雨区及外围大风区三部分。台风眼位于台风中心,直径为5~10km,中心气压常为980~950hPa,最低可达870hPa。成熟的台风,大多有明显的台风眼,眼壁强对流区是水平方向风速最大的地方,眼壁中气流上升至对流高层时,因受对流层顶限制,故向外做反气旋式辐散,小部分空气向中心辐合、下沉,形成台风眼。台风眼外侧为旋涡风雨区,最大风力可以达到17级以上,再向外为外围大风区。台风的旋涡半径一般为500~1000km[2]。

台风结构示意图如图2-1所示。

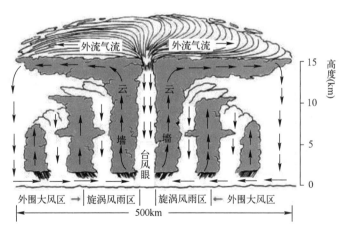

图2-1 台风结构示意图(来源于国家气象信息中心)

在北半球低纬度洋面上，逆时针方向旋转的台风涡旋受自转偏向力作用，有向极地漂移的趋势，而低纬度东风气流又引导它向西移动，在各因素的综合作用下，台风气旋向西北方向移动，到了较高纬度后，就进入西风带，在西南气流引导下，便转向东北方向移动。冷空气侵入后发生变性，变成温带气旋，有的并入西风槽，有的在冷洋面上衰亡消失。这样的过程，便是一个台风完整而又典型的生命历程。

2.1.3 中国沿海地区台风气候特征

台风最容易在西北太平洋生成。这个海区发生了全球 1/3 左右的台风，强度也是最大的。我国位于西北太平洋的沿岸，也是受台风袭击最多的国家之一。我国东南沿海受台风影响很大，频次很高。广东每年台风登陆平均达 3 次，占我国每年登陆台风次数的 33%，台湾占 19%，海南占 17%，福建占 16%，浙江占 10%[3]。

根据《海上风电场热带气旋影响评估技术规范》（GB/T 38957—2020），风险评估区域内的热带气旋统计特征应包含各等级热带气旋的年、月平均频数及频率和不同台风路径移动的频数及频率。据 CMA 热带气旋最佳路径数据集统计，西北太平洋地区在 1949—2018 年 70 年间共生成台风 2299 个，共有 627 个台风登陆中国沿海，是西北太平洋地区台风生成总数的 27.3%，平均每年生成台风 32.8 个，在中国登陆 9 个。登陆数量的年际差异明显，1952 年和 1961 年出现最多，达到 15 个，其次分别在 1967 年、1985 年、1989 年、1994 年共登陆 13 个，1982 年最少，仅为 4 个。年登陆的最多个数与最少个数相差近 3 倍[4]。

1949—2019 年登陆中国的台风频数年际变化如图 2-2 所示。

从登陆中国台风频数的年内分布变化来看，1~3 月，基本没有台风登陆，其他各月均有台风登陆，台风登陆主要集中在 7~9 月，约占全年总数的

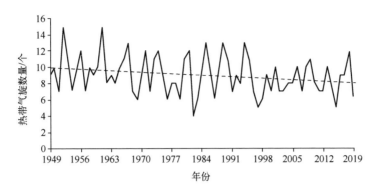

图 2-2　1949—2019 年登陆中国的台风频数年际变化

76.3%。其中，8 月台风登陆最多，约占全年总数的 28%。1997 年登陆的 5 个台风均出现在 8 月。7~9 月的前后，台风登陆次数较少。4 月、12 月仅各有 2 个。1949—2019 年登陆中国的台风数量月际变化如图 2-3 所示。

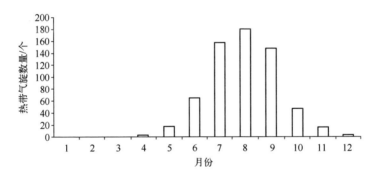

图 2-3　1949—2019 年登陆中国的台风数量月际变化

从台风在中国的登陆点来看，除了河北、天津、澳门，中国沿海各省均有台风直接登陆，主要登陆点集中在广东、海南、台湾地区，占登陆总数的 82%。其中，广东最多，达 221 个，占登陆总数的 35.2%；福建和浙江分别位列第四、第五；广西最少，只有 2 个。1949—2019 年台风的登陆点分布如图 2-4 所示。

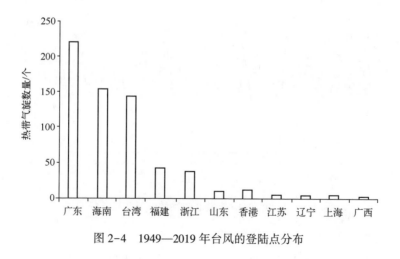

图 2-4　1949—2019 年台风的登陆点分布

台风移动的方向和速度取决于作用于台风的动力。动力分为内力和外力。内力是台风范围内，因南北纬度差距所造成的自转偏向力差异而引起的向北和向西的合力，内力越大，台风范围越大，风速越强。外力是台风外围环境流场对台风涡旋的作用力。内力主要在台风生成初始时起作用，外力则是操纵台风移动的主导作用力，因而台风基本上自东向西移动。

因为副高压的形状、强度、位置及其他因素，台风移动路径并不是规律的。虽然西北太平洋台风的移动路径多种多样，但内力和外力却存在一定的规律，主要移动路径可分为西进型、登陆型及抛物线型。西进型，自菲律宾以东一直向西，经过南海登陆在中国海南岛或越南北部地区，多发生在 10~11 月。登陆型，向西北方向移动，穿越台湾海峡登陆在我国广东、福建、浙江等地沿海，并逐渐减弱为低气压，对我国的影响最大，主要发生在 7~8 月。抛物线型，先向西北方向移动，在接近我国东部沿海地区时，转向东北，向日本附近移动，不登陆我国，路径呈抛物线形状，主要发生在 5~6 月和 9~11 月[5]。

登陆我国沿海的台风移动路径存在季节变化，与大气环流的季节性调整有关，特别是与太平洋副热带高压位置的季节性变化密切相关。

2.1.4 台风对风电机组设计的影响

为保证海上风电机组的安全性和长期稳定可靠运行,在设计风电机组时,需要考虑海上环境对风电机组运行的影响,不利影响主要体现在载荷、使用寿命以及运维等几个方面。各类环境条件分为正常外部条件和极端外部条件:正常外部条件是指长期疲劳荷载和运行状态;极端外部条件是潜在的临界外部设计条件。台风及以上级别热带气旋是在设计风电机组和风电场设备选型时必须考虑的极端外部条件之一[6,7]。

1. 极端风速

台风是一个低气压系统,在水平气压的作用下,外围气流从四面吹向台风中心,在赤道以北受地球自转的影响,卷入的气流以逆时针方向旋转,越向台风内部旋入,切向风速越大。通常,台风眼边缘的云墙区是台风破坏力最猛烈、最集中的区域,宽度为10~20km,而台风前进方向的右前方风力最强大。随着台风中心的靠近,各高度的风速逐渐加大,在台风眼经过时,风速会突然大幅度减小,10~30min(取决于台风眼的大小和移动速度)后,风速又突然加大,随后随着台风的离去慢慢减小。通常,台风眼到达前一刻的北风强度最大。

在设计风电机组时,需要考虑50年一遇的最大风速,主要数据来源于东南沿岸气象站和沿海测风塔热带气旋的观测数据,对收集到的观测数据建立50年内热带气旋最大风速序列,使用Poisson-Gumbel联合概率分布计算50年一遇的最大风速;利用沿海测风塔风垂直切变结果,推算70m高度的最大风速。沿海风电场通过气象站和测风塔相关分析推算计算50年一遇的最大风速[8]。

台风事件每年都可能出现几次,也可能不出现,Poisson-Gumbel联合概

率分布模型适用于风暴或台风等随机性很大的事件。假定台风影响的频次 p_k 符合 Poisson 分布，记为

$$p_k = e^{-\lambda}\frac{\lambda^k}{k!}, k=0,1,2,\cdots \quad (2-1)$$

式中，$\lambda = \dfrac{N}{n}$，N 为台风影响总次数，n 为总年数。

假定台风下的风速服从 Gumbel 分布，记为

$$G(x) = \exp\{-\exp[-\alpha(x-\delta)]\} \quad (2-2)$$

Poisson-Gumbel 复合极值分布的分布函数为

$$F(x) = \sum_0^k p_k [G(x)]^k = \exp\{-\lambda[1-G(x)]\} = P \quad (2-3)$$

对以上公式进行整理得到概率为 P 的极大风速为

$$v_p = \delta + \frac{-\ln\left\{-\ln\left[1+\dfrac{1}{\lambda}\ln\left(1-\dfrac{1}{T}\right)\right]\right\}}{\alpha} \quad (2-4)$$

式中，α 和 δ 由 Gumbel 分布计算得到，$\alpha=1.28255/\sigma$，$\delta=\bar{x}-0.57722/\alpha$，$\bar{x}$ 为样本序列的平均值，σ 为样本序列的标准差。

本方法首要保证大风样本来源于不同的台风过程。为了使样本序列符合 Poisson 分布，需确定一个风速阈值，大于该阈值则入选大风序列。根据经验，该阈值的大小应使资料年限中个别年份没有台风出现，且无台风年份不能超过总年限的 1/10。东南沿海 70m 高度极端风速出现频率见表 2-2。

表 2-2　东南沿海 70m 高度极端风速出现频率

风速（m/s）	站数（个）	频率（%）	累计频率（%）
<37.5	48	22.75	22.75
37.5~42.4	42	19.91	42.65
42.5~49.9	89	42.18	84.83
50~51.9	16	7.58	92.42

续表

风速（m/s）	站数（个）	频率（%）	累计频率（%）
52~53.9	9	4.27	96.68
54~55.9	5	2.37	99.05
56~57.9	1	0.47	99.53
58~59.9	1	0.47	100

2. 湍流

湍流强度（Turbulence Intensity，TI）是指10min内风速随机变化幅度的大小，是10min平均风速的标准偏差与同期平均风速的比率，是描述一个地区电风场风况的参数，也是IEC 61400-1中风电机组安全等级分级和设计标准的重要指标之一。

湍流产生的主要原因有两个：一个是当气流流动时，气流会受到地面粗糙度的摩擦或阻滞作用；另一个是由于空气密度差异和大气温度差异引起的气流垂直运动。在通常情况下，湍流的产生一般由上述两个主要原因同时导致。在中性大气中，空气会随着自身的上升而发生绝热冷却，并与周围环境温度达到热平衡。因此在中性大气中，湍流强度大小取决于地表粗糙度。

湍流会减小风电机组的风能利用率，减小功率输出，同时会增加风电机组的疲劳荷载和机件磨损概率。风的湍流扰动会使具有柔性结构的风电机组产生随机强迫振动，对于线性结构的系统，如果湍流强度增大2~3倍，则结构动态响应或脉动风载荷也会成倍增加。相比陆上，台风中心近地层特有的湍流特征对风电机组的安全运行有更大的影响，台风强湍流常常是风电机组振动失效的主要原因。

目前，典型的风电机组抗湍流设计参数一般不超过0.2，适用于无台风影响的地区且地形平缓的风电场，但在海上风电场，台风是一个不可忽视的因素，风电机组的抗风设计需要通过进一步的研究和实验来适应这种极端环境。

台风中心湍流强度可达到0.6~0.9（无台风时，通常为0.1左右），风电机组承受载荷巨大[9]。

3. 突变风向

台风过境风电场时，风向短时间内会快速变化，对风电机组偏航系统能否及时偏航以减轻整体荷载，乃至风电机组能否安全度过台风是一种严峻考验，因此有必要了解台风不同方位区间内风向的快速变化规律。

台风中心通过时，气压曲线呈漏斗状，伴随着气压的剧烈上升和下降，所有测风点的风向在短时间内变化角度超过45°，靠近中心位置的甚至会发生120°~180°的突变，从之前的东北风转为南风、西南风。

在台风登陆过程中，风电场外部电网可能会遭受破坏，风轮无法调整对风，使得风电机组无法按预先的控制策略进行操作。台风的风向随台风中心不断变化，对于已经顺桨停机的变桨风电机组而言，风向突变意味着主风向从风电机组的正前方转到侧方和侧后方，整个风电机组的受风面积也随之变化，出现持续各个方向的大风作用在叶片上，产生持续的极大弯扭组合力矩，由于台风风速可能会超过设计极限，因此会导致叶片断裂、变桨机构受损等。在通常情况下，当海上风电机组侧面受风时，风电机组所承受的载荷最大，容易导致塔筒连接螺栓断裂、偏航变形等，此后在静力和动力效应共同作用下，疲劳载荷不断累积，达到甚至超过塔筒设计载荷极限，严重时可能导致塔筒倾覆[10]。

4. 台风浪

在台风范围内，海面将会产生巨大的海浪。在台风初始阶段，海面虽有较大的风速，但浪不高，通常在台风外围区域约有3m的大浪，在台风中心附近有4~5m的巨浪。随着台风的不断加强，浪高也随着风速的加大而增高，浪高与风速呈现显著的正相关关系。当台风发展到成熟阶段时，风速不再加大，大风范围逐渐向外扩展，与此对应，浪高也在充分成长后不再增高，大浪区逐步向台风外围扩展。当台风处于消失或减弱阶段时，风速虽然随之减小，但受台风影响的海域往往仍有较大的浪高。

台风中心的大浪形成后，就从台风中心向四周传播。当大浪离开台风区域传向远处时，便形成涌浪。涌浪以台风移速的 $2\sim3$ 倍向外传播。涌浪的来向表示台风中心位置所在方向，如果发现涌浪方向保持不变且浪高逐渐增高，说明台风正在接近。

海上风电场受台风持续影响的时间一般为 $12\sim24h$，且伴随着台风长时间风浪耦合作用，可能导致风电机组低周疲劳破坏。相比一般海浪，台风区域海浪要大很多，冲击力极强，风电机组受到的影响更加严重[11]。而且在台风旋涡区内，往往伴随着强降雨，浪高较高，有可能冲击到叶片，造成叶片破坏。

2.2 海洋水文环境

海上自然环境较为恶劣，风-浪-流相互耦合，大幅增加了风电机组的设计难度和海上风电场的施工难度。海洋水文环境对于风电机组的设计、施工至关重要，探明海洋水文环境是海上风电开发的前提。本节将从海流、波浪和海冰三个方面简单介绍一下有关海洋水文环境。

2.2.1 海流

海水中的水团从一地流动到另一地被称为海流。海流通常是指大规模、相对稳定的水团在水平和垂直方向的非周期性流动，是海水运动的基本形式之一。所谓"大规模"流动，是指在大空间尺度下的流动，即在数百千米、数千千米甚至全球范围内的流动。"相对稳定"的含义是在较长的时间内，例如一个月、一个季度、一年或者多年，流动方向、速率和流动路径大致相似。

形成海流的最基本原因有两个：一个是受海面风的作用而产生的海流，被称为风海流或漂流，是由动力学因素引起的；另一个是由于海面受热冷却不均、蒸发降水不均所产生的温度和盐度不均，即因密度不均所造成的海流，被称为密度流，是由热力学因素引起的，也称为热盐环流。作用在海水上的力有多种，归结起来可分为两大类：一类是引起海水运动的力，诸如重力、压强梯度力、风应力、引潮力等；另一类是由于海水运动后所派生出来的力，如自转偏向力、切应力和摩擦力等。

海上风电机组基础建设完成后，因对表层土的扰动和永久障碍物的存在，由潮流和波浪引起的水体粒子运动会受到显著影响：首先，在基础的前方会形成一个马蹄形的涡；其次，在风电机组塔基背面会形成涡流；再次，在风电机组基础的两侧，流线会收缩。这种局部流态的改变会增加水流对底床的剪切应力，导致水流挟沙能力的提高。如果底床是易受侵蚀的，那么在基础的局部会形成冲刷坑。冲刷坑能够影响基础的稳定性。因此，在设计海上风电机组时，应对海流进行观测和分析[12]。

海流测站应分为海流长期测站和全潮水文测站，观测方式和时间应符合《海上风电场工程风能资源测量及海洋水文观测规范》NB/T 31029—2019 规定。对于全潮水文测站，具体观测时间宜根据工程海域潮位站预报潮时来安排，并结合实际潮汐情况进行适当调整，风力超过 6 级时不宜观测[13]。

海流观测要求如下：
- 全潮水文测站的布设范围应覆盖工程区，对工程区潮流特性影响较大的各水道、海湾、河口处也应布设。
- 海底地形地貌、岸线及动力环境复杂的风电场，应结合场区范围适当增加全潮水文测站数量。

- 海流观测要素应包括流速和流向,并辅助进行水深、短期风速及风向的测量。流速观测分辨率不应大于1cm/s,流向观测分辨率不应大于1°。流速、流向观测的准确度应符合表2-3的规定。

表2-3 流速、流向观测的准确度

流　速	流速准确度	流向准确度
$v<100$cm/s	±5cm/s	±5°
$v\geqslant100$cm/s	±5%v	

海流观测层次应按实测水深分层,并符合表2-4中的规定。

表2-4 总水深和观测层次

总　水　深	观测层次
$D\leqslant5$m	$0.2D$、$0.6D$、$0.8D$
5m<$D\leqslant50$m	表层、$0.2D$、$0.4D$、$0.6D$、$0.8D$、底层
50m<$D\leqslant100$m	表层、5m、10m、15m、25m、30m、50m、75m、底层

注:表层是指水面以下0.5m处的水层;底层是指海底以上0.5m处的水层;$0.2D$、$0.4D$、$0.6D$、$0.8D$分别是指水面以下$0.2D$、$0.4D$、$0.6D$、$0.8D$处的水层,D为总水深;5m、10m、15m、25m、30m、50m、75m分别是指水面以下相应深度的水层;观测底层时,应保证仪器不触底。

海流连续观测应至少每小时观测一次,在涨急、落急或转流时段,应每半小时加测一次。流速、流向的观测值宜取100s测量值的平均值,否则应在观测记录上说明采样时段。

海流观测宜采用船只锚碇测流、锚碇潜标测流、锚碇明标测流等方式进行定点连续测流,观测仪器宜采用直读海流计、声学多普勒测流仪等。

2.2.2 波浪

海洋波动是海水运动的重要形式之一,从洋面到海洋内部都存在着波动。它的产生是外力、重力与海水表面张力共同作用的结果。洋面上产生波浪的原因很多，诸如风、大气压力变化、天体的引潮力和海底地震等。波浪的基本特点是，在各种外力作用下，水质点离开平衡位置做周期性的运动，导致波形传播。

波浪观测需满足以下要求。

(1) 海上风电场波浪观测要素应包括波高、波周期和波向等。波高观测分辨率不应大于 0.1m，波周期观测分辨率不应大于 0.1s，波向观测分辨率不应大于 1°。海浪观测的准确度应符合表 2-5 中的规定。

表 2-5 波浪观测的准确度

项目名称		准 确 度
波高	$H \leqslant 1m$	±0.1m
	$H > 1m$	±10%H
波周期		±0.5s
波向		±5°

(2) 波浪连续观测应至少每小时观测一次。采样时间间隔不应大于 0.5s，连续记录的波数不应少于 100 个，记录的时间长度根据平均波周期确定，可取 17~20min。

波浪观测宜采用重力式、压力式、声学式或超声波式测波仪，应根据项目要求以及观测现场的海洋环境选用合适的测波仪，并确定固定方式。

2.2.3 海冰

所有在海上出现的冰统称为海冰，除包括海水直接冻结而成的冰外，还包括源于陆地的河冰、湖冰和冰川冰等。因海冰而引起的航道阻塞、船只损坏和沉没、建筑物损坏等均统称为海冰灾害。海冰灾害是极地海域和某些高纬度区域最突出的海洋灾害之一。海冰在海上的破坏力是相当惊人的，特别是流冰和冰山，在海流及风的作用下，大面积的流冰整体移动可挤压风电机组基础，自由漂移的流冰也会冲击基础，使其产生振动，影响风电机组的安全。此外，海冰对海上风电机组的安装和维护船舶的安全也构成很大威胁，因此在设计海上风电机组时需要考虑海冰的影响。

在"轻冰年"或"偏轻冰年"，海冰一般不会对海上活动产生明显影响，或只对北方冰封港的使用产生一些影响。若出现局部封冻的"常冰年"以上的冰情，特别是"严重冰年"，则会造成灾害。

海冰灾害是由数天、数十天甚至入冬以后长期持续低温造成的。一次灾害过程持续的时间不等，短则三五天，数十天，长则近两个月。

海冰的主要观测要素和辅助观测要素应包含下列内容：
- 浮冰的主要观测要素为冰量、密集度、冰型、表面特征、冰状、漂流方向和速度、冰厚及冰区边缘线。
- 固定冰的主要观测要素为冰型、冰厚和冰界。
- 海冰的辅助观测要素为海面能见度、气温、风速、风向及天气现象。

海冰观测要素的准确度应符合表2-6中的规定。

表2-6 海冰观测要素的准确度

观测要素	准确度
冰量、密集度	±1成
漂流方向	±5°
漂流速度	±0.1m/s
冰厚	±1cm

海冰观测宜在调查船上进行，船到站后即可观测。在船上观测海冰的位置，宜选在高处。观测对象应主要为距离调查船2倍船长以外的海冰，以避免调查船对海冰观测的影响。

2.3 海洋地质

海洋地质条件对海上风电机组基础的设计具有重要影响。本节将对不同海洋地质条件进行简单论述。

2.3.1 海洋沉积物

海洋沉积物由泥、砂等无机物质和生物残骸等有机物质组成,在自身重力及海水搬运等海洋动力的综合作用下沉降堆积在海底。在自然界,地壳上的岩石在受到物理、化学及生物等作用后,会风化剥蚀产生大量碎屑物质,经河川、雨水、冰川及风等的搬运作用进入海洋,有些堆积在大陆架,有些由海流搬运输送到深海。这些来自陆源物质的沉积物被称为陆源沉积。海洋中存在大量的生物。这些生物死亡后的残骸沉积在海底,形成以硅质软泥和钙质软泥为主的深海沉积物,被称为生物沉积。火山爆发时会产生大量的火山岩浆、碎屑和灰尘等物质。这些火山物质在海洋的沉积被称为火山沉积。宇宙间行星的运动和碰撞等产生宇宙尘埃,它们每天落到地球上的数量高达14吨左右,并且大部分落在深海底,所形成的沉积物被称为宇宙沉积。此外,海水内存在化学反应产生化学沉淀物,被称为自生沉积[14]。

沉积物的组成有岩、碎石、砂、黏土等,常使用粒径中值来区分及描述特征。根据温特沃思分类法,粒径大于256mm的沉积物被称为岩,粒径在2~256mm之间的沉积物被称为碎石,粒径在0.5~2.0mm之间的沉积物被称为粗砂,粒径在0.25~0.5mm之间的沉积物被称为中砂,粒径在0.065~0.25mm之间的沉积物被称为细砂,粒径在0.016~0.065mm之间的沉积物被称为粗粉砂，粒径 0.004~0.016mm 之间的沉积物被称为细粉砂，粒径小于 0.004mm 的沉积物被称为黏土。不同海域的地质条件不同，我国东部沿海区域海床土层主要是很厚的淤泥，主要由细砂、粉砂和黏土组成。应根据不同的海床地质条件和水深条件，选择合适的风电机组基础形式[15]。

2.3.2 海域分类

我国海岸由近到远可分为滩涂、潮间带、近海、远海，不同海域的地质条件和水深不同。

1. 滩涂

滩涂是我国对淤泥质沉积海岸、湖岸和河岸的习惯性称谓。一般习惯将海岸滩涂分为三个部分：一个是潮上带滩涂，是指平均大潮高潮线以上的沉积地带，海床土层主要是由粉砂和黏土组成的淤泥；第二个是潮间带滩涂，是指平均大潮高潮线与平均低潮线之间的区域，海床土层主要是泥质、砂质和岩；第三个是潮下带滩涂，是指平均低潮线以下的沉积地带，海床土层主要是泥砂质。

2. 潮间带

潮间带是界于高潮线与低潮线之间的地带，通常还称为海涂，水深一般在 5m 以下[16]。根据潮汐活动的规律，潮间带分为三个区域：一个是高潮区（上区），位于潮间带的最上部，上界为大潮高潮线，下界为小潮高潮线，被海水淹没的时间很短，只有在大潮时才被海水淹没；第二个是中潮区（中区），占潮间带的大部分，上界为小潮高潮线，下界为小潮低潮线，是典型的潮间带地区；第三个是低潮区（下区），是潮间带的最下部分，上界为小潮低潮线，下界为大潮低潮线，大部分时间浸没在海水里，只有在大潮落潮的短时间才露出海面。

3. 近海和远海

近海指的是最低潮位以下 5~50m 水深的海域。远海指的是超过 50m 水深的海域。其海床组成主要有岩、粉砂及黏土[17]。

2.4 其他海洋环境

2.4.1 气候环境

1. 海水温度

海水温度是海水的重要物理力学特性之一，直接影响海水的其他物理性能和动力性能，是海水内部分子热运动平均动能的基本反映，也是度量海水热量的重要指标。

在中国海域：渤海和黄海北部易受大陆气候影响，海水温度季节变化最大；黄海南部和东海的海水温度与海流、水团分布关系密切；南海的海水温度状况显示出热带深海的特征——终年高温，地区差异和季节变化都小。

根据中国近海海水温度分布的特点，可以把海水温度归结为冬季型、夏季型和过渡型三种类型。冬季型出现在 11 月至次年 3 月，为全年海水温度最低的季节。此时表面海水温度高于气温，陆上气温低于海上气温，故沿岸海水温度低，外海海水温度高。冬季型海水温度水平方向温度梯度大，等温线密集，等温线分布大致与海岸平行，且表面海水温度自北向南逐渐递增。夏季型在 6 月至 8 月出现，这时太阳辐射增强，中国近海表层海水温度普遍升高，成为一年中海水温度最高的季节。因气温高于海水温度，沿岸海水温度高于外海海水温度，所以海水温度分布比较均匀，水平方向温度梯度小，等温线分布规律性差，南北温差小。过渡型发生在 4~5 月和 9~10 月季节交替时期，春季为增温期，秋季为降温期。过渡型的主要特点是温度状况复杂多变，不稳定，规律性差。

中国近海海水温度的垂直分布受气象因子的影响很大，冬季主要受变性极地大陆气团的控制，海面经常遭到强劲的偏北风吹刮，海面失热，表层海水温度冷却，密度增大，产生上下水层的对流混合。在混合所及的深度内，海水温度的垂直分布趋于一致。冬季越冷，海面失热越大，垂直对流过程越强，混合所及深度越大。因此，冬季浅海区的海水温度自海面到海底趋于一致。我国各海域浅海区冬季均匀海水温度层发生的具体时间不同，渤海自 10 月至次年 3 月，黄海自 11 月至次年 4 月，东海陆架浅水区为 12 月至次年 4 月，南海北部浅水区为 12 月至次年 3 月。此外，东海、南海深水区也可形成 75~150m 的均匀海水温度层。均匀海水温度层的形成和持续时间是随海区而异的，北部海域出现早，持续时间长；南部海域出现晚，持续时间短。

海水温度观测应在全潮水文测验期间与海流观测同步进行。测站设置应符合以下规定：观测时间和时次均应与全潮水文测验期间的海流观测一致；海水温度观测分辨率不应大于 0.05℃，准确度应为 ±0.2℃。海水温度观测宜采用温盐深仪（CTD）进行定点连续观测。CTD 分为实时显示和自容式两大类。

2. 湿度

大气湿度（Atmospheric Humidity）简称为湿度，是用来表示大气中水汽含量多少的物理量。湿度的表示方法很多，航海上常用的湿度物理量有水汽压、绝对湿度、相对湿度及饱和差。

大气湿度不仅影响云、降水及盐雾浓度等天气条件，也决定机舱内空气是否饱和。海域的湿度取决于温度、光照时间、风速和波浪等诸多因素。海上的相对湿度明显偏大，长期处于高的相对湿度环境。

湿度往往伴随着多种环境因素同时存在，且常作为"诱导剂"引起霉菌滋生、腐蚀加速及电化学反应加剧等问题。在我国南海地区，常在出现高相对湿度的同时伴随高温的情况。我国东南沿海地区夏季高温闷热，雨季较长，空气湿度大，相对湿度平均每月为85%。在这种环境下，水汽可能会通过渗透作用进入 IP54 防护等级的柜体以及密封绝缘器件的内部，导致性能失效[18]。

2.4.2 盐雾

盐雾是悬浮在空气中含有氯化钠（NaCl）微细液滴的弥散系统，是海洋大气运动的显著特点之一。沿海地区及海上空气中含有大量随海水蒸发的盐分，溶于小水滴中便形成了浓度很高的盐雾。盐雾在腐蚀破坏过程中起主要作用的是氯离子（Cl^-）。Cl^-半径很小，只有 1.81×10^{-10} m，具有很强的穿透能力，容易穿透金属氧化层和防护层进入金属内部，破坏金属的钝态[19]。

2.4.3 雷电

我国沿海地区强对流天气多，空气湿润，盐度较高，比陆地大气环境更加恶劣，极易形成地闪，对地面风电机组造成较大危害。据统计，沿海风电机组雷击损失占整个产业雷击事故的80%以上[20]。由于雷电现象具有非常大的随机性，不可能完全避免风电机组遭受雷击，所以在海上风电机组的设计、制造和安装过程中，需研究雷击的破坏机理，采取防雷击措施，将雷击造成的损失减到最低[21]。

参考文献

［1］中国气象局政策法规司．热带气旋等级：GB/T 19201—2006［S］．北京：中国标准出版社，2006．

［2］张春艳．中国沿海登陆台风灾害风险特征分析［D］．赣州：江西理工大学．

［3］宿海良，东高红，王猛，等．1949年-2018年登陆台风的主要特征及灾害成因分析研究［J］．环境科学与管理，2020，45（5）：4.

［4］谢宝永，曾琮．登陆广东的热带气旋的统计特征［J］．广东气象，1998（3）：3.

［5］胡娅敏，宋丽莉，刘爱君．登陆我国不同区域热带气旋气候特征的对比［J］．大气科学研究与应用，2008，000（001）：1-8.

［6］宋丽莉，毛慧琴，钱光明，等．热带气旋对风力发电的影响分析［J］．太阳能学报，2006（09）：961-965.

［7］陈棋．台风型风力发电机组关键技术研究［D］．杭州：浙江大学，2017．

［8］全国风力机械标准化技术委员会．海上风力发电机组设计要求：GB/T 31517—2015［S］．北京：中国标准出版社，2015.

［9］吴佳梁．海上风力发电机组设计［M］．北京：化学工业出版社，2012．

［10］王海龙．风电场台风灾害防护［M］．北京：化学工业出版社，2017．

［11］王伟．海上测风塔基础设计［M］．北京：中国水利水电出版社，2016．

［12］中国电力企业联合会（2018）．GB/T 36569-2018．国家市场监督管理总局；中国国家标准化管理委员会．

［13］能源行业风力发电标准化技术委员会风电场规划设计组．海上风电场工程风能资源测量及海洋水文观测规范：NB/T 31029—2019［S］．北京：中国水利水电出版社，2020．

［14］赵淑江．海洋环境学［M］．北京：海洋出版社，2011．

［15］杨子赓．海洋地质学［M］．山东：山东教育出版社，2004．

[16] 曾一非．海洋工程环境［M］．上海：上海交通大学出版社，2007．

[17] 陈小海．海上风力发电机设计开发［M］．中国电力出版社，2018．

[18] 全国防腐蚀标准化技术委员会．沿海及海上风电机组防腐技术规范：GB/T 33423—2016［S］．北京：中国标准出版社，2016．

[19] 马爱斌．海上风电场防腐工程［M］．北京：中国水利水电出版社，2015．

[20] 王瑞雄，杨红全，李滨，等．海上风电场雷击特点及防雷技术措施［C］// 第四届中国风电后市场专题研讨会论文集，2017．

[21] 赵海翔，王晓蓉．风电机组的雷击机理与防雷技术［J］．电网技术，2003，27（7）：5．

第3章 海上风电机组设计技术

风电机组设计是实现可靠、经济运行的基础。海上风电机组由于运行在复杂环境中，条件更加苛刻，因此设计方法与陆上风电机组不同。本章将分别对海上风电机组一体化设计、可靠性设计、防台风设计、防腐蚀设计、防雷设计等的设计要点进行介绍。

3.1 一体化设计

3.1.1 内容与意义

一体化可以理解为将两个或两个以上的互不相同、互不协调的事项，采取适当的方式、方法或措施有机融合为一个整体，形成协同效力，以实现组织策划目标的一项措施[1]。一体化理念在各个领域得到了广泛的应用，如经济一体化、政治一体化、城乡建设一体化、产运销一体化、机电一体化、一体化设计等，通过模块整合，可以有效降低成本，提高效率。海上风电机组设计涉及资源评估、基础设计、风机设计、电气设计、监测控制系统设计等多个复杂模块，高昂的成本是制约海上风电发展的关键，将一体化理念引入海上风电机组设计，有望大大降低开发成本，推动海上风电健康、快速发展。

目前，海上风电机组一体化设计的思路主要有风机-塔架-基础一体化设计、叶片气动-结构-载荷一体化设计、电气系统一体化设计、海上风电场一体化监控系统设计、海上风电场自然条件与风电机组选型一体化、海上风电施工建设一体化、海上风电场运营一体化等。

在海上风电机组设计思路中，风机-塔架-基础一体化设计最重要，得到了最广泛的研究，在国内外众多海上风电机组设计中已实际应用。因此，本节将主要对风机-塔架-基础一体化设计方法进行说明，后面提及的一体化设计即指风机-塔架-基础一体化设计。

海上风电机组一体化设计是把海上风电机组的机舱、塔架、基础，与风况、海况、海床地质等外部环境条件作为统一的整体动态系统进行载荷模拟分析、结构校核及优化，可以全面评估海上风电机组的受力状况，提高设计安全性，减少重复计算工作，提升设计效率，有效优化结构，降低支撑结构的质量和成本[2]。

3.1.2 传统设计与一体化设计对比

1. 传统设计

海上风电机组传统设计一般采用以塔架底部为分界面的分步迭代设计，如图3-1所示。该方法由风机制造厂商依据基础数据进行风机-塔架载荷计

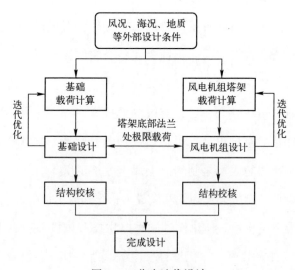

图3-1 分步迭代设计

算，提取塔架底部法兰处的极限载荷，由有设计资质的设计单位依据塔架底部法兰处的极限载荷设计相应的基础，将两部分分别设计与优化迭代，最终完成海上风电机组及其基础设计[3]。传统设计是将塔架和基础分开设计，各自考虑安全系数；将最大风载与极限浪载叠加，使设计相对保守；将风致疲劳与波致疲劳相加，使结果不够准确；波浪载荷在一定程度上进行了重复计算，使结果偏大。综上所述，传统设计虽然具有一定成效，但相对保守，效率偏低，成本较大，从一体化设计角度寻找整体结构的最优解，还有很大优化拓展空间。

2. 一体化设计

海上风电机组一体化设计是将传统设计的两步整合，如图 3-2 所示。该方法将风电机组和基础作为一个整体，考虑海上风电场不同的环境条件和外部条件，对基础结构进行设计与核验，主要包括一体化建模、一体化载荷分析及一体化结构校核。

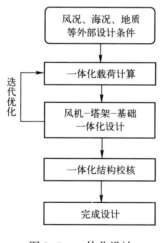

图 3-2 一体化设计

一体化设计通常包括以下步骤：

● 基础选型与初步设计；

● 载荷估算；

- 载荷建模,包括风况建模、海况建模和支撑结构建模;
- 将风况和海况组合进行载荷仿真;
- 提取并处理各分界面的疲劳载荷与极端载荷;
- 结构校核与优化设计。

3. 一体化设计和分步迭代设计的差异

(1) 加载方式

一体化设计在载荷分析过程中考虑了风浪耦合作用,所得载荷可直接应用于结构设计校核。分步迭代设计在计算载荷的基础上,还需按照相关设计规范叠加波浪载荷。

(2) 安全衡准

一体化设计将塔架和基础统一设计,按照国际标准 IEC 海上风力发电机组设计规范,取相同的安全系数和安全衡准。分步迭代设计将塔架和基础分开设计,各自考虑安全系数,整体安全系数偏大。

(3) 疲劳分析

一体化设计采用一体化载荷分析所得到的耦合载荷进行结构疲劳分析。分步迭代设计通常将风载荷与浪载荷的疲劳损伤线性叠加,结果不够准确[4]。

3.1.3 优势与难点

1. 优势

相比传统设计,一体化设计具有如下优势:

- 传统设计的交互信息要通过塔架底部法兰的接口载荷传递,在传递过程中可能会遗失工况信息,可能会造成极端工况的不合理叠加,使设计过于保守;一体化设计采用整体设计,不需要信息交互,不存在这种问题。
- 在传统设计过程中,风机制造厂商在计算接口载荷时需要考虑风况和海况，基础设计单位无法对接口载荷进行分解，只能将接口载荷和波浪载荷同时作用在基础上，造成波浪载荷在一定程度上的重复计算，使结果偏大；一体化设计直接将风电机组、塔架、基础及外部环境条件视为一个整体，可避免这种问题。

- 传统设计仅以接口载荷作为设计依据，如果将极端受力以静力载荷的方式加在系统上，则得到的结果将与真实状态存在很大差距；一体化设计采用一体化载荷仿真，可以准确模拟载荷的动态变化，使结果更加准确[2]。

- 传统设计将塔架、基础分开设计，载荷仿真计算可能采用不同的仿真软件，依据不同的设计标准，软件与软件之间、标准与标准之间存在冲突的可能，增加了计算误差；一体化设计采用统一的软件和设计标准，计算误差相对较小。

文献［2］给出了对某5.5MW风电机组分别采用传统设计和一体化设计所进行的模拟测算结果，见表3-1。由表可知，一体化设计具有显著的优化效果。

表3-1 分别采用传统设计和一体化设计所进行的模拟测算结果

部 位	参 数	下降程度
塔底载荷	M_{xy}极限载荷	19.7%
	M_y疲劳载荷	9.8%
塔架	壁厚（平均）	10.5%
	整体质量	10.4%
承台	外直径	3.3%
	质量	6.6%
钢管桩	壁厚	2.5%
	质量	2.5%

因此，采用一体化设计可以：

- 降低成本。据统计，海上风电机组支撑结构的材料及安装费用是占总成本的近30%，降低塔架及其基础的成本，可显著降低海上风电机组的度电成本。一体化设计通过总体优化，可以有效降低塔架及其基础等结构的材料用量，实现海上风电机组支撑结构设计、制造成本的降低，提升国内海上风电机组的竞争力。

- 提升安全性。一体化设计可以全面评估海上风电机组的整体受力状况，将风电机组及其基础选取相同的安全系数和安全衡准，可有效提升设计安全性。
- 促进协作发展。一体化设计打破了以往的设计模式，让风电机组制造厂商与设计单位能够更好协作，提升设计效率，减少工程量，促进海上风电产业健康发展。

2. 难点

（1）缺少统一标准

当下，海上风电机组设计的标准较多，有国际标准 IEC 61400 系列的相关规范，还有国内的《港口工程荷载规范》（JTJ 215—98）、《港口工程桩基规范》（JTS 167—4）及《海上风电场工程风电机组基础设计规范》（NB/T 10105）等。IEC 国际标准从整体设计角度，对海上风电机组的塔架及其基础设计提出了明确要求。国内的港标、行标主要针对传统设计，在要求和指标上与国际标准存在一定冲突。加快推进标准统一化，推行适合一体化设计的标准，是海上风电机组一体化设计实际应用的基础[2]。

（2）一体化建模仿真困难

海上风电机组、基础，与风况、海况、海床地质等外部环境条件是一个统一的整体，对这一整体进行一体化建模仿真是一体化设计的最基本需求。一体化设计的关注点不在于是否进行了整体建模仿真，而在于根据整体建模仿真结果，是否充分考虑了风电机组及其基础的整体动力学响应，并进行了设计优化上的整体调整和全局寻优。只有风电机组制造厂商不断地提升研发能力、设计单位开放合作模式及第三方在其中发挥知识产权保护和协调粘合的作用，海上风电机组的全局优化才更有可能实现[2]。

（3）设计风险与收益不对等

当前，海上风电供应链存在设计风险与收益不对等的情况，见表 3-2，DNV GL 船级社对风电机组的各处优化对降本收益进行了统计。虽然风电机组设计方为了降低成本，需要承担更多的设计成本和可能造成的风险，但基础设计方却可以从中获得比风电机组设计方更多的降本收益。这一矛盾阻碍了一体化设计的发展与实施，只有通过市场、政府及企业共同努力解决这一矛盾，才能使风电机组制造厂商与基础设计单位更好地合作，使一体化设计更好地实施。

表 3-2 各处优化对降本收益的统计

优化方法	成本下降程度	
	风电机组	基础
一体化设计	0.2%	1.8%
优化叶片	1.1%	1.1%
增强控制策略	1.4%	1.1%
放宽频率约束	0.5%	4.7%

3.1.4 应用

自 1991 年，世界上首个海上风电场 Vindeby 在丹麦投运后，欧洲对海上风电机组设计的研究逐步深入，一体化设计最初来源于欧洲海上风电机组优化设计。国外对于一体化设计、一体化载荷仿真相关的研究成果较为丰富[5,6]，许多企业及机构都在努力将一体化思路应用到设计过程中。国际能源署 IEA 推行了 OC3、OC4、OC5（Offshore Code Comparison Collaboration Continued with Correlation）一系列研究项目[7]，目的是提高海上风电机组耦合模拟工具的准确性，开发海上风电机组整机设计分析平台。DNV GL 船级社提出了"Project FORCE（For Reduced Cost of Energy）"，主要包括一体化设计、增强控制策略、优化叶片和放宽频率约束等部分。其中，一体化设计是指将风机-塔架-基础作为整体进行全面耦合的数值建模，既可以使支撑结构有更高的刚度，又利于降低成本，通过各个优化方式的共同运作，可以使海上风电机组的度电成本降低至少 10%。同时，DNV GL 也对推行一体化设计存在的障碍进行了分析，提出了市场力量决定、买方主导强制推行实施、政府主导信息共享和实行设计、工程与采购集成的 JIP（行业联合项目）方案等解决方案，并对其时效性和可行性进行了评价。丹麦 Ramboll 通过与风电机组制造商进行联合设计，采用交互迭代设计完成基础设计，与丹麦技术大学（DTU）和国家可再生能源中心合作，研究海上风电机组支撑结构一体化优化，并与 MHI Vestas 合作，成功开发出海上风电行业内首个封装式一体化载荷计算软件 SMART Foundation Loads。该计算软件具有风电机组基础设计早期优化计算功能，使得在项目前端设计阶段便具有了进行风机-基础整体耦合的计算能力，可应用于海上风电机组项目前期招标和中标后设计，能有效减少前期设计接口，提高荷载计算精度，消除结构设计冗余，降低项目风险和项目成本，从而提高中标可能。

国内海上风电机组研发起步较晚，相关研究较少，还未形成系统成果。目前，国内海上风电机组还是以传统设计为主，但也有一些风电机组制造厂商正在向一体化设计迈进。金风科技基于云平台搭建了控制、载荷、塔架基础一体化平台 iDO，与国内设计院开展一体化设计合作，已在实际海上工程项目中得到应用，并通过技术创新，有效降低了海上风电机组开发成本[4]。上海电气结合海上项目形成的数据库，构建了一体化设计的初步实践，并结合数据库获得了初步方案，通过进一步引入设计约束，对初步方案进行了校核优化，得到了最终的概念方案。明阳智能自主研发的MySE5.5MW抗台风型浮式风电机组在明阳智能阳江基地装配完成并测试下线，成为国内首个安装应用的海上漂浮式试验样机。在海上漂浮式大兆瓦风电机组的研发过程中，基于南海台风、极端海浪等恶劣环境的考虑，对漂浮式风电机组进行了深入研究和定制化设计，实现了风机-浮体-系泊的一体化全耦合时域仿真模拟，形成了成熟的漂浮式风电机组基础全耦合一体化仿真设计平台。鉴衡认证针对一体化设计安全性和效果评估，逐渐形成了完整的评估方案，并在国内开展了首批海上风电项目认证及海上一体化设计评估认证试点，为华能苍南4号海上风电项目颁发了海上风力发电机组-支撑结构台风下一体化设计评估符合证明。这也是国内第一张海上风力发电机组一体化设计评估证书。

3.2 可靠性设计

我国海上风电开发所面临的工况条件较欧洲地区更为复杂。比如，我国东南沿海台风频发，北方冬季海面经常出现浮冰，再加上高盐雾腐蚀等破坏性因素，风电机组故障率高。相对陆上风电机组，海上风电机组运维可达性差，大部件故障时，需要大型专业船舶进行维修和更换，运维成本高，对海上风电设备的可靠性提出了非常高的要求[8]。

3.2.1 概述

可靠性设计是指为消除产品的潜在缺陷和薄弱环节，防止故障发生，保证机械及其零部件满足给定可靠性指标的一种机械设计方法，包括对产品可靠性的预计、分配、技术设计、评定等。

可靠性设计的基本原则如下：

- 应有明确的可靠性指标和可靠性评估方案;
- 应权衡产品的性能、可靠性、费用、时间等因素,以便做出最佳设计方案;
- 必须贯穿功能设计各个环节,在满足基本功能的同时,要全面考虑影响可靠性的各种因素[9];
- 在满足技术要求的前提下,应尽量简化设计方案,减少零部件、元器件、设备的数量和种类,尽量不采用还不成熟的新系统和零部件,尽量采用已有经验并已标准化的零部件和成熟技术;
- 应考虑功能零部件的适用性,采用模块结构等来提高可维修性;
- 应针对故障模式(系统、零部件、元器件故障或失效的表现形式)进行设计,最大限度地消除或控制产品在寿命周期内可能出现的故障模式;
- 进行可维修设计时,应减少维修整个产品所需要的工具数量,尽可能不用专用工具[10]。

可靠性设计的目的是在综合考虑产品的性能、可靠性、费用和设计等因素的基础上,通过采用相应的可靠性设计,使设备达到可靠性与经济性的综合平衡,延长机械设备的使用寿命,降低风力风电机组的运行维修费用[11]。在产品设计过程中仅凭经验办事,不注意产品的性能要求和可靠性,往往会在试验阶段就存在质量问题,只能再做改进,延长了产品研发周期。若事先进行可靠性设计、科学推理、严格论证,则可以大大缩短产品研发周期[12]。从长远来看,可靠性设计在设计阶段就采取了措施,耗资较少,效果极佳,减少时间,是一种较为经济的设计。

常用的可靠性设计方法有安全裕度设计、冗余设计、降额设计、热设计、简化设计、电磁兼容设计等。

1. 安全裕度设计

安全裕度设计就是针对重要机械零部件设定较大的安全系数，虽然实际上就是可靠性的度量，但不是无限的，总是存在其他条件的限制。如何在其他条件（如质量、体积、费用等）的限制下确定合理的裕度，就是安全裕度设计的任务。风力发电机组由于受风暴、瞬时阵风、海浪等因素的影响，有时会出现紧急工况，使所受载荷超过平均值，若有一定的裕度，则可以免受损害[13]。

安全裕度设计的一般流程：

- 将复杂产品分解为若干环节，并确定薄弱环节；
- 确定广义可靠性安全裕度设计特征量，定义薄弱环节可靠性；
- 通过试验寻求设计特征量临界中心值；
- 寻求临界中心值分布规律，确定分布参数；
- 列出广义安全裕度设计方程，确定特征量设计值；
- 求得对应该环节可靠性指标和特征量设计值[14]。

2. 冗余设计

增加备用的硬件或结构参与系统的运行或处于准备状态，即使系统出现故障，仍能完成规定功能，保持系统不间断地正常工作。冗余设计可在元器件、部件或组件以至于子系统的任意一级中采用，是提高设备可靠性的有效措施之一。冗余设计也称余度设计、储备设计。当某部分可靠性要求很高，但目前的技术水平很难满足，比如采用降额设计、简化设计等可靠性设计方法，还不能达到可靠性要求，或者提高零部件可靠性的改进费用比重复配置还高时，冗余技术可能成为唯一或较好的一种设计方法。这种设计方法可以将可靠性水平不高的零部件组成较高可靠性的整机系统，一般用于电子产品中。随着机械系统复杂化和使用可靠性要求的提高，在成本、重量和可靠性的权衡下，也可采用此设计方法。冗余设计使得系统的复杂性增高。因此是否需要采用冗余，采用什么样的冗余，对于不同设备，因其所要求的侧重面不同，故考虑的因素也就不同，要看所获得的效益与付出的代价是否值得。通常，有效的冗余设计既能提高可靠性，又能降低费用[15]。

3. 降额设计

降额设计是使电子元器件的使用应力低于额定应力的一种设计方法，以达到提高电子元器件强度、延缓电子元器件参数退化、降低电子元器件故障率及增加电子元器件使用寿命的目的。电子元器件的故障率对电应力和温度应力比较敏感，因此降额设计是电子产品可靠性设计中的最常用方法。在降额设计时，"降"得越多，要选用电子元器件的性能就越好，成本也就越高，所以要综合考虑。各类电子元器件都有最佳的降额范围，有的降额到一定程度时就维持不变了，如有些电容器，在低电压时呈现开路，降额不但不能使其故障率降低，反而会升高，因此在实际降额设计时，应该注意以下方面：

- 不应当将标准所推荐的降额量绝对化，应当根据产品的特殊性适当调整；
- 应当注意，有些电子元器件的参数不能随便降额；
- 一般来说，虽然电子元器件的应用应力越低，越能提高可靠性，但却不完全是这样的。
- 不能用降额补偿的办法解决低质量电子元器件的使用问题，低质量的电子元器件要慎重使用[16]。

4. 热设计

热设计是采用适当可靠的方法控制产品内部所有电子元器件的温度，使电子元器件在所处的工作环境条件不超过稳定运行时所要求的最高温度，以保证产品正常运行时的安全性和长期运行时的可靠性。热设计常用的三个措施有降耗、导热、布局：降耗是不让热量产生；导热是把热量及时导走，对设备运行不产生影响；布局是通过措施隔离热敏感电子元器件。降耗是最原始、最根本的解决方式。降额和低功耗的设计方案是两个主要途径[17]。

热设计的基本要求如下：

- 必须与电气设计、结构设计同时进行，相互兼顾，当出现矛盾时，应权衡分析，不得损害电气性能，应符合可靠性要求，使设备的寿命周期费用降至最低；
- 应满足产品在寿命时间内的热环境要求；
- 应满足产品的可靠性要求，以保证设备内的电子元器件均能在设定的热环境下长期正常工作；
- 每个电子元器件的参数选择、安装位置及方式必须符合散热要求；
- 应根据发热功率、环境温度、允许工作温度、可靠性要求，及体积、质量、经济性与安全等因素，选择最简单、最有效的冷却方法；
- 应考虑相应的设计余量，避免使用过程中因工况发生变化而引起的热耗散及流动阻力的增加；
- 应考虑产品的经济性指标，在保证散热的前提下使结构简单、可靠，体积最小，成本最低。

5. 简化设计

在设计过程中，产品的尺寸精度、形位要求、结构等应在保证性能要求的前提下达到最简化状态，以方便制造、装配和维修。机械产品应根据可靠性模型进行分析，大部分属于串联系统，因此提高可靠性的最基本原则是在满足预定功能的情况下简化设计。从选用可靠的零部件、减少零部件数目和简化结构做起，零部件的数目应尽可能减少，越简单、越可靠是可靠性设计的一个基本原则，是减少故障、提高可靠性的最有效方法。

6. 电磁兼容设计

在执行预定的任务时，电气系统在各种电磁环境下，性能不能降低，参数不能超出容许的上下限，并能协调、有效地工作，必须通过提高抗电磁干扰能力、降低对外的电磁干扰，避免由干扰导致的故障，提高可靠性。电磁兼容设计一般从抑制干扰源、切断干扰传播途径等方面入手。电磁干扰主要有三个来源：功能干扰源、非功能干扰源和自然干扰源，按传播途径可分为传导干扰源和辐射干扰源，按频带分类可分为窄频带干扰源和宽频带干扰源[18]。

电磁兼容设计的基本原则如下：

- 在高频时，与引线型电容器相比，应优先选用引线电感小的穿心电容器或支座电容器滤波；
- 大电感寄生电容大，为了提高低频部分的插损，不要使用单节滤波器，应该使用若干小电感组成的多节滤波器；
- 尽量使用屏蔽继电器，并使屏蔽壳体接地，设备内部的互连信号线必须使用屏蔽线，防止之间的干扰耦合；
- 为了使每个屏蔽体都与各自的插针相连，应选用插针足够多的插头座。

3.2.2 机械零部件可靠性设计

机械系统是指由若干个机械零部件相互有机地组合起来，能够完成某一特定功能的综合体。机械系统的可靠度取决于两个因素：一个是机械零部件本身的可靠度，即组成机械系统的各个零部件完成所需功能的能力；另一个是机械零部件组合成系统的组合方式，即组成系统的各个零部件之间的联系形式，组合方式不同，机械系统可靠性也不同[19]。

机械系统可靠性设计的目的，就是要在满足规定可靠性指标、完成预定功能的前提下，技术性能、质量、成本及时间等各方面充分协调，获得最优设计，或者在性能、质量、成本、时间和其他要求的约束下，获得高可靠度。

1. 机械零部件的安全裕度设计

海上风电机组运行环境恶劣，会因台风、海浪、雷雨等使载荷不断变化，较为严重时，载荷会超出极限值，若设计具有一定的裕度，则可免受损害。安全裕度设计主要用于风电机组中承受载荷较多、较复杂的机械零部件，如主轴、轮毂、塔筒等。不同的工程、不同的基础形式，安全裕度都会有不同的取值。在建设风电场的过程中，由于各种复杂因素的影响，基础一定要留有足够的安全裕度，才能保证在极端载荷工况时不被破坏。因此，在设计基础时，安全裕度应根据最不利载荷工况确定[20]。

2. 紧固件防松设计

（1）紧固件松动原因

螺纹是一种用于连接和传动的机械结构要素，具有连接力大、结构紧凑、便于装/拆、连接可靠等优点，已成为最广泛的连接方式。在一些关键部位，螺纹紧固件连接一旦失效，将会带来不可估量的损失。受螺纹结构原理的限制，松脱是螺纹紧固件的主要失效形式之一，对此需要采取有效的防范措施，各种防松螺纹紧固件应运而生。在静载条件下，螺纹紧固件只承受轴向载荷，由于螺纹升角的作用，拧紧螺母和拧松螺母所需的扭矩不同，一般松动力矩为拧紧力矩的80%左右。在没有附加扭矩的情况下，连接不会松动。变载荷、振动和冲击是造成螺纹紧固件松动的主要因素。大部分螺纹紧固件都用于有振动或有冲击的环境中，由于螺纹紧固件的惯性和与其相连零部件的相互作用，使螺纹副和螺母支承面的摩擦系数急剧降低，甚至出现摩擦阻力瞬时消失的情况，破坏了原有力的平衡关系，使螺纹副不能满足自锁条件，产生微量相对滑动[21]。

(2) 螺纹紧固件防松有三种基本类型

- 不可拆卸的防松：这是一种采用焊牢、黏结或冲点铆接等方式将可拆卸螺纹连接改变为不可拆卸螺纹连接的防松方法，是一种很可靠的传统防松方法，缺点是螺纹紧固件不能重复使用，操作麻烦，常用于某些要求防松高可靠且又不需要拆卸的重要场合。螺栓头和螺母端面冲点铆接如图 3-3 所示。

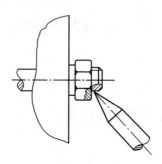

图 3-3　螺栓头和螺母端面冲点铆接

- 机械固定件的防松：利用机械固定件使螺纹紧固件与被紧固件之间或螺纹紧固件与螺纹紧固件之间固定和锁紧，制止其松动。这种方法的优点是防松可靠，防松可靠性一般取决于机械固定件的静强度或疲劳强度，缺点是增加了螺纹紧固件的质量，制造和安装麻烦，不能进行机动安装，成本较高。锁紧丝如图 3-4 所示。

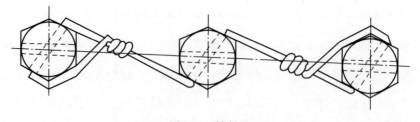

图 3-4　锁紧丝

- 增大摩擦力的防松：利用增加螺纹间或螺栓（螺钉）头及螺母端面的摩擦力或同时增加两者摩擦力的方法达到防松目的。这种防松方法虽然比上述两种方法的可靠性要差,但最大优点是不受使用空间限制,可以进行多次反复装/拆,可以机动装配,某些紧固件(如尼龙圈锁紧螺母、全金属锁紧螺母)的防松可靠性已达到很高水平。弹簧垫圈如图3-5所示。

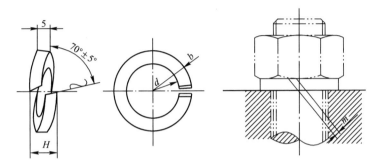

图3-5 弹簧垫圈

(3) 防松设计基本原则

- 优先采用螺栓、螺母连接形式,尽量避免采用螺栓和内螺纹的连接形式,不能避免时,应将内螺纹设计在较易更换的或成本较低的零部件上。
- 紧固螺栓应从设计上确保不受剪力,在可能受剪力的重要连接处应采用螺栓加销或铰制孔螺栓等措施。
- 重要的受力螺纹连接应不少于两道防松,且其中至少有一道是除了弹垫、紧固力矩的机械防松,涂胶、弹簧垫圈均不能作为可靠的防松措施。
- 在设计螺栓组时,要保证螺栓有足够的间距,以便于正常安装。
- 原则上不允许将螺纹紧固件设计成从下往上紧固[22]。

3.2.3 齿轮箱可靠性设计

齿轮箱是风电机组的重要组成部分。在风电机组的机械故障中,齿轮箱故障占比较高,危害巨大。因此,齿轮箱可靠性设计对保障风电机组的安全、可靠运行具有重要意义。表 3-3 为齿轮箱常见故障分类[22]。

表 3-3 齿轮箱常见故障分类

常见故障位置	故 障 类 型
齿轮	齿轮折断，齿面点蚀、胶合
传动轴	断轴
轴承	轴承异常高温，安装位置异常
润滑处	油温过高，供油不充分，润滑油黏度降低
箱体结合面	漏油，润滑油入口压力低，油位异常

目前，国内外针对齿轮箱的可靠性进行了大量研究，其中应用最多的方法就是航空航天、核能和近海行业中使用的系统可靠性方法：故障模式、影响和危害性分析（Failure Mode，Effects and Criticality Analysis，FMECA）。FMECA 由两部分组成：一个部分是故障模式和影响分析（FMEA）；另一个部分是危害性分析（CA）。只有在进行 FMEA 的基础上才能进行 CA 分析。

FMECA 的步骤如下[23]。

(1) 确定分析范围

根据系统结构及分析目标，确定分析范围。

(2) 系统的结构、功能分析

绘制结构框图，并根据框图完成结构分析和功能分析。

(3) 故障模式分析

在系统的寿命周期内，分析人员一般通过统计、分析预测、试验和经验总结等方式获取故障模式，对于常见的零部件可以参考标准、手册，常见的故障模式及代码见表 3-4。

(4) 故障原因分析

故障原因可以从直接原因和间接原因两方面考虑：直接原因是由自身原因引起的；间接原因一般是指由一些外部因素，如其他零部件故障、使用环境或人为因素等引起的。

表 3-4 常见的故障模式及代码

故障模式	代码	故障模式	代码	故障模式	代码
弯曲变形	F01	松动	F09	轴承断裂	F17
裂纹	F02	表面损伤	F10	保持架损伤	F18
断裂	F03	齿圈变形	F11	电机泵故障	F19
齿面磨损	F04	轴承磨损	F12	过滤器故障	F20
齿面塑性变形	F05	轴承塑性变形	F13	热交换器故障	F21
轮齿折断	F06	锈蚀	F14	管路、单向阀故障	F22
齿面胶合	F07	疲劳剥落	F15		
齿面点蚀	F08	烧伤	F16		

（5）故障影响分析

故障影响可以分为三级，见表 3-5[24]。

表 3-5 故障影响

名称	定义
局部影响	零部件故障对同级零部件的影响
上一级影响	零部件故障对上一级的影响
最终影响	某零部件的故障对约定系数最终的影响

（6）严酷度

严酷度是故障发生后对系统最终造成的影响严重程度，等级见表 3-6[25]。

表 3-6 严酷度等级

严酷度等级	影响严重程度
1 级	重度损害，风电机组停机
2 级	齿轮箱系统中度损害，振动明显，工作异常
3 级	齿轮箱系统轻度损害，轻微振动，加速磨损
4 级	齿轮箱系统基本无伤害，正常磨损

（7）故障检测方法分析

故障检测方法分析是以故障模式为基本单位所进行的分析。常规故障检测方法有目视检测方法、传感器装置检测方法、报警故障提示装置检测方法、系统运行数据分析检测方法等。故障检测方法分为事前检测和事后检测，可以为风电机组的设计、制造、维修提供重要参考。对于大型风电机组，根据设计寿命20年的要求，通常不希望发生故障或故障率极低，而不是要通过各种手段进行事后检测，因此重点应该放在可靠性设计、制造、装配等方面的事前检测。

(8) 设计改进与使用补偿措施分析

为了提高齿轮箱整体的可靠性，一般需要对每个零部件故障模式的原因、影响提出可能的改进与补偿措施，如设备发生故障时采用的冗余设备、安全和保险装置及工艺改进等措施。FMECA 流程如图 3-6 所示。FMECA 首先要明确分析范围，然后对系统的结构、功能进行分析，最后完成 FMECA 报告。

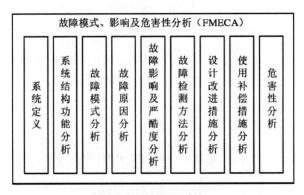

图 3-6 FMECA 流程

3.2.4 发电机可靠性设计

风电机组包含数百个部件。关键部件有发电机、齿轮箱、轴承、叶片等，维护成本昂贵。据统计，发电机故障是引起风电机组故障停机的主要原因之一，且故障响应时间长，容易导致风电机组较长时间的停机。发电机故障维护成本是风电机组维护成本的 10%[26]。

表 3-7 为发电机零部件故障分布情况[27]。图 3-7 为各容量发电机零部件的故障率。由此可知，与其他行业同规格发电机相比，风电机组中的发电机

可靠性相对较低。发电机故障位置表明，风电机组中的发电机，其故障位置与其他行业发电机的故障位置无区别，均主要包括轴承、集电环和电刷故障。

表 3-7 发电机零部件故障分布情况

应用范围	大型转子	公共设施的电动机	海上石油化工行业中的电动机	风电机组发电机		
电动机种类、额定功率及电压等级	高于150kW的电动机，通常为中压、高压笼型感应电动机	高于75kW的电动机，通常为中压、高压笼型感应电动机	高于11kW的电动机，通常为中压、高压笼型感应电动机	小于1MW的风力发电机，低压，95%以上为绕线转子电动机，但转子电压通常由电子控制，而不是具有外侧电子设备的集流环	1~2MW的风力发电机，低压，大部分为双馈感应发电机	大于2MW的风力发电机，低压，大部分为双馈感应发电机
故障发电机台数	360台	1474台	1637台	196台	507台	297台
子部件轴承故障率	41%	41%	42%	21%	70%	58%
冷却系统故障率	——	——	——	——	2%	——
定子槽楔故障率	——	——	——	——	——	14%
定子相关故障率	37%	36%	13%	24%	3%	15%
转子相关故障率	10%	9%	8%	50%	4%	4%
集流环或集电环故障率	——	——	——	1%	16%	4%
转子导线故障率	——	——	——	——	1%	4%
其他子部件故障率	12%	14%	37%	4%	4%	1%
总计	100%	100%	100%	100%	100%	100%

在发电机故障中，发电机后轴承温度故障的发生占比高达90%，即发电机后轴承温度故障是发生频率最高且对发电机影响最大的故障。发电机后轴承温度故障的发生将直接影响发电机的正常运行，造成发电机的不可逆损耗，

从而影响风电机组的正常工作，导致风电机组发电效率降低。因此，对未来时刻发电机后轴承温度进行预测，提前了解发电机后轴承温度未来一段时间的变化趋势，可以给现场工程师在采取合理维护策略方面提供指导性建议，减少发电机故障发生频率，从而减小对发电机系统的损耗，提高发电机的运行可靠性，并延长使用寿命[26]。

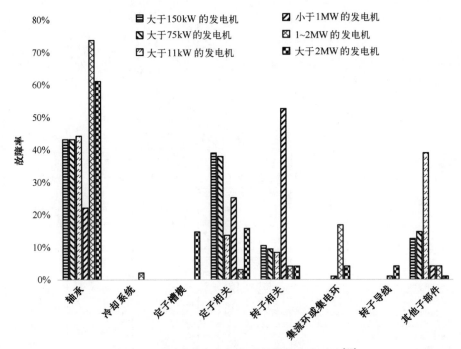

图3-7 不同功率发电机各子部件故障率对比[27]

总之，如果能基于风电监测系统的状态数据，挖掘数据规律，对发电机的健康状态进行实时评估和监测，并提供有效的故障预测，就可以为风电工程师制定维护策略提供科学合理的指导，对降低故障的发生频率、延长发电机的使用寿命具有重要意义。

3.2.5 变流器可靠性设计

变流器是风电机组的核心装置，可影响风电机组的输出功率和入网稳定性。根据数据统计[28]，风电机组中变流器的失效率较其他工业领域更高。在风电机组运行时，风速和环境温度随机波动，变流器所处理和变换的功率不断变化，运行工况频繁切换，反复承受较高的电热应力和机械应力，加速了寿命损耗，最终导致可靠性降低[26]。对于变流器内部组件的可靠性，由收集到的欧洲多个风电场几十年的变流器故障失效率可知，变流器中的主要失效组件为直流侧电容、功率器件、驱动装置等，如图 3-8 所示[28]，即直流侧电容、功率器件等组件的可靠性影响着风电机组乃至电网的可靠运行。

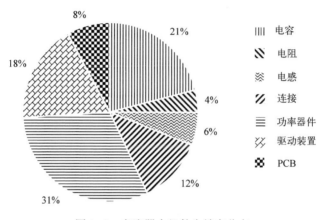

图 3-8 变流器中组件失效率分布

随着风电技术的发展和风电机组容量的增加，电力系统对风电装置可靠性的要求越来越高。由图 3-8 可知，在变流器失效故障中，有超过 20% 的失效故障是由直流侧电容失效引起的。直流侧电容作为变流器中最脆弱的组件之一，应该引起足够的重视。这是因为直流侧电容常被作为储能装置用在变流器中，主要起吸收逆变单元向直流侧索取的高幅值纹波电流，维持直流侧电压稳定的作用，平衡风电机组运行时因风速和气温波动而引起的变流器系统中的功率差异。

目前，商业化的大功率海上风电机组变流系统主要分为全功率变流系统和部分功率变流系统。

全功率变流系统由于具有更高的转速调节范围，省去了发电机滑环，并网友好性强，因此在大功率海上风电机组中被普遍应用。部分功率变流系统主要用于双馈风电机组。

永磁同步发电机全功率变流系统与双馈异步发电机部分功率变流系统相比，具有较低的故障率和更高的可利用率。

德国风能研究所和英国可再生能源协会研究表明，变流器是海上风电机组中三个最核心的部件之一，其故障占总故障的17%～25%，运维成本占总运维成本的3%～8%。其中，可进行远程复位的故障导致可利用率损失0.1%，由于海上风电运维较长的交通时间和有限的可达性，需要人员进入风电机组维护的故障导致可利用率损失高达1.1%[29]。

提高变流器可靠性、降低运维成本是海上风电产业的迫切需求：一种方法是提升变流器本身的可靠性，相对较为复杂，需要通过高的成本来实现；另一种方法是通过变流器的并联容错运行实现风电机组的高能量可利用率和低的运维成本。

3.2.6 展望

目前，国内风电工程师对海上风电机组的运行经验不足，对可靠性的设计缺乏充分的工程运行数据支撑。在目前的设计中，海上风电机组为确保运行可靠性，对各种结构部件安全系数的选取都比陆上风电机组更加保守。如何兼顾风电机组的可靠性、安全性和经济性，选取适合我国海上环境和风资源特性的安全系数，还需要进一步探索。

降低度电成本是风电行业提升产业竞争力的核心途径。2020年，陆上风电虽已实现风火同价，但海上风电度电成本仍然较高，主要受制于海上风电机组建设、运行、维护等因素，度电成本下降缓慢。

复杂恶劣的海上自然环境使风电机组故障率居高不下，海上高盐、高湿度空气环境对风电机组的腐蚀作用给可靠性设计增加许多困难，可以通过多种技术手段提高风电机组的可靠性。下面简单介绍两种常规且仍具有巨大潜力的技术措施。

- 多目标控制技术：风力发电的核心任务就是在尽可能获得最优功率的同时，保证风电机组的可靠性和安全性。风电机组部件的受力情况与控制算法设计密切相关，目前常用的以功率控制为目的的控制算法对改善部件受力等因素考虑较少。通过改善现有控制算法，实现风电机组运行的多目标控制，达到既控制功率，又减小部件的受力，提高整机寿命，是未来的研究方向之一。
- 采用新型传动链：风电机组的传动链选择对于降低成本至关重要，对齿轮箱制造企业更是关乎生死存亡的大计。风电机组的传动链选择主要分为两种：直驱、带齿轮箱。两者各有优劣。直驱风电机组故障率低、维护成本低，缺点是制造成本高，质量大，永磁材料在高温、冲击、振动情况下易失磁，现场维护性较差。带齿轮箱风电机组虽然质量轻、制造成本低，但缺点是故障率高。目前采用的低传动比齿轮箱半直驱风电机组表现出了一定的优势，并逐步发展成熟，有望在未来发挥重要作用。

3.3 防台风设计

3.3.1 台风的基本特征

台风是形成于热带或副热带，中心最大风力达到或超过12级的低压气旋，具有如下基本特征。

- 影响区域广：台风由大风区、暴风雨区、风眼三部分构成，直径通常为500~1000km，位于风眼边缘的云墙区是破坏力最大的区域，宽度为10~20km。

- 平均风速大，湍流强度高：台风中心的湍流强度可达0.6~0.9（无台风时通常<0.1），台风中心靠近时底层和高层的湍流强度变化不同步，之间存在几十分钟的时间差。
- 风向变化率大：当台风经过时，测风点的风向在数小时内变化可超过180°，这对风电机组偏航系统的可靠性提出了更高的要求。
- 风切变大：台风风速可达风电机组额定风速的3~5倍甚至更多，在高风速下，大切变将导致风电机组振动响应幅值大幅度增加。
- 持续时间长，伴随着台风浪：台风对特定地点的持续影响时间一般为12~24h，并且伴随6m以上的台风浪。台风与巨浪联合作用极易造成风电机组的结构破坏和疲劳失效。除此之外，还容易出现海床过度冲刷、剪切破坏、海床液化等现象[30]。
- 极值风速大：超大的极值风速是台风的突出特征。2003年9月2日，13号台风"杜鹃"在汕尾登陆，登陆时，台风中心附近最大风力达到12级，台风中心附近某风电场测得极值风速为57m/s。2004年8月12日，14号"云娜"台风登陆浙江，最高风速达58.7m/s，为1956年以来登陆中国大陆的最强台风[31]。2006年5月18日，1号强台风"珍珠"穿过南澳岛，在广东澄海登陆，登陆时台风中心附近最大风力为12级，南澳某风电场测得瞬时风速高达56.5m/s。2006年8月10日，第8号超强台风"桑美"在浙江苍南沿海登陆，登陆时台风中心附近最大风力为17级（60m/s），中心气压为92kPa，浙江苍南霞关观测到的极值风速为68.0m/s，福建福鼎合掌岩观测到的极值风速为75.8m/s[30]。

3.3.2　台风对风电机组造成的破坏

2003年9月，台风"杜鹃"在汕尾登陆，导致红海湾风电场13台风电机组损坏。2006年，台风"桑美"袭击浙江苍南风电场，导致5台风电机组瞬间倒塌，叶片折断，经济损失高达7000万元[32]。2017年，台风"天鸽"造成珠三角某陆上风电场的风电机组叶片大量折断，多台风电机组破坏性倒塌，造成了严重的经济损失，甚至有些风电机组被连根拔起，同时珠江口某海上风电场附近船舶受台风影响，撞击到了风电机组基础桁架，造成桁架严重变形，部分海底电缆在台风期间受到船舶锚具的破坏，海底电缆需要较长的修复期，对修复施工的工期造成了严重的影响，导致了巨大的经济损失[33]。台风对风电机组的叶片、刹车系统、机舱、测风装置、塔筒及基础设施都会造成严重破坏，其中出现情况最多的是整体倾覆、塔筒失效、叶片破坏，实际情况分别如图3-9、图3-10、图3-11所示[32]。

图3-9　风电机组整体倾覆[32]

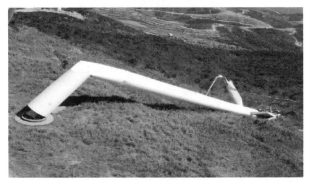

图3-10　风电机组塔筒失效[32]

图 3-11　风电机组叶片破坏[32]

3.3.3　防台风设计技术

海上风电机组防台风设计指的是在充分认识台风基本特征和在台风作用下海上风电机组失效模式的基础上，提出行之有效的抗台风举措，确保海上风电机组实现"两阶段"抗台风设计：在遭遇最大风速小于设计风速的台风时，主要结构和部件没有损坏；在遭遇最大风速超过设计风速的台风时，破坏损失控制在预期范围内，不发生颠覆性破坏，在台风过后，海上风电场可以迅速修复投运。

防台风设计要保证风电机组可以主动偏航对风，保证抗台风偏航控制顺利进行；加强载荷安全链的设计，保证风电机组各个零部件能够正常运转；在台风出现频繁的区域加强质量阻尼器的设计，减少台风对风电机组的振动；加强机舱罩的防台风设计，使其在台风期间能够完好，保护内部零部件；加强风速风向仪的固定，力争在台风期间能够正常运行。

1. 叶片的防台风设计

当风电场遇到强台风过境时，台风会导致风电机组的叶片断裂、塔筒倒塌等严重的破坏。在台风的作用下，叶片通常会承受弯曲、扭矩及剪力的作用，在弯曲、扭矩及剪力的作用下，在叶片截面形成复杂的交应变力，当达到一定的疲劳状态时产生裂痕，甚至破坏性的断裂。因此，为避免更大的损失,需在叶片生产过程中,进一步加强局部缺陷检测力度,改善抵御台风的能力;在风速超出风电机组抗台风极限风速时,允许叶片在某位置折断,减少风电机组的受风负载,保护塔筒及其他关键部件;采用碳纤维等新材料,提高叶片抵抗台风的能力或改善薄弱环节,碳纤维叶片相比玻璃纤维叶片有以下优点[33]。

- 质量:在满足刚度和强度要求的条件下,比玻璃纤维叶片轻30%以上,抗台风能力更强。
- 发电:可以采用气动效率更高的薄翼型,提高风能利用率和年发电量。
- 成本:综合风力发电成本降低,例如安装、运输成本降低,对风电机组相关部件的强度和刚度要求低,风电机组整体性能提高,定期检修、维护成本降低。
- 效率:在不提高轴承、根部紧固件、轮毂负荷的情况下可以增加叶片长度,在同一平台上能捕捉更多能量。

2. 塔筒的防台风设计

风电机组抗台风设计的首要目的是避免颠覆性破坏,可以考虑增加塔筒刚度和塔筒锥度,强化塔筒连接部位的焊接,防止由塔筒断裂导致风电机组被毁灭性破坏。为了避免台风期间由叶片掉落造成的塔筒折断,风电机组可以采用下风向对风,机舱改为流线型设计,减小风的阻力,增强抗台风的能力。在设计大型海上风电机组时,由于轻质高强度材料的零部件尺寸在不断加大,使稳定性问题变得越来越突出,屈曲分析尤为必要。海上风电机组的塔筒应在充分考虑台风影响下的屈曲情况,选用高强度的材料,或增加导管架和基层平台的高度,降低塔筒高度,减小机舱摇摆幅度。

研究表明:在装机容量相同的情况下,作用在钢筋混凝土塔筒上的风载荷要明显小于钢塔筒[34,35];综合各国情况,钢结构阻尼比一般为 $0.01 \sim 0.02$,

钢筋混凝土结构阻尼比为 0.03~0.08。显然，钢筋混凝土结构阻尼比远大于钢结构阻尼比，选用阻尼比更大的钢筋混凝土结构塔筒，可以承受更大的风载荷，有利于防台风。耐腐蚀性好、造价低廉、自重较大的钢筋混凝土结构塔筒目前正被广泛地应用于风电场。

风电机组基底弯矩与水平载荷均较大，海上风电机组更是如此，钢筋混凝土结构塔筒有较大的自重荷载，对海上风电机组整体结构抗倾覆、控制基础基底脱开面积很有帮助。

3. 载荷传递安全链增强设计

风电机组载荷具有一个完整的传递链，要保证风电机组的抗台风强度，就必须要保证这个传递链的安全。该传递链被称为载荷传递安全链。在这个传递链中，只要有任何一处不符合抗台风设计要求，就会在遇到大型台风时产生重大隐患。需要指出的是，此处的载荷传递安全链不同于普通的安全链，普通的安全链在主 PLC 上，与控制系统相互独立（硬件实现）。载荷传递安全链是一个安全方面传感器的闭路链。

载荷传递安全链包括叶片、变桨轴承、轮毂、主轴、主轴轴承、轴承座、机舱底架、偏航轴承、塔筒、基础法兰环及基础等。其中，叶片和变桨轴承、变桨轴承和轮毂、轮毂和主轴、轴承座和机舱底架、机舱底架和偏航轴承、偏航轴承和塔筒、塔筒和基础法兰环均通过螺栓连接，如图 3-12 所示。

设计载荷传递安全链时，首先要计算载荷传递安全链各部件的载荷，然后对其进行静强度和疲劳强度的校核。如果静强度和疲劳强度校核不通过，则可通过材料替代、结构改型、尺寸更改等方式实现对载荷传递安全链的加强设计[13]。

4. 机舱罩的加强设计

机舱应选用整体箱型机舱罩，不宜选用顶部开启式或背掀式结构的机舱

第3章 海上风电机组设计技术

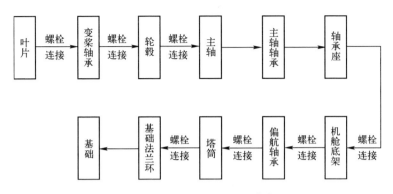

图 3-12　载荷传递安全链[13]

罩。因为台风有可能从各个方向吹向机舱，在高速气流所造成的负压和大风吹入机舱的正压双重作用下，开启式机舱罩可能会被吹飞。保证机舱和塔筒在台风中不受破坏，就能保证80%的风电设备处于完好状态。

（1）对机舱罩连接的加强设计

应对装配完的机舱罩进行强度校核，确保能够满足抗台风设计要求。如果不满足抗台风设计要求，则应对机舱罩的连接进行加强设计：增加螺栓个数、采用双排螺栓连接及扩大螺栓连接面积；增加螺栓强度、采用更高强度的螺栓、增加抗拉强度；增加机舱罩连接部分的厚度，提高抗拉强度，抵御台风的破坏；使用更高性能的机舱罩材料，从整体上提高机舱罩的刚度和强度，便于风电机组的偏航控制，更好地实现风电机组在台风期间的对风。

（2）机舱整体加固

机舱整体加固包括加固上机舱罩前中后三部分、上机舱罩和下机舱罩连接处、下机舱罩左右两部分连接处、下机舱罩左右两部分内部。整体加固后的方形机舱罩如图3-13所示。

前筋板用于防止机舱掀盖，后筋板用于加固测风仪，加固前、后筋板可使受力平衡，减少台风的破坏。

5. 备用电源

台风期间会经常导致电网失电。海上风电场在电网失电的情况下，风电

图3-13 整体加固后的方形机舱罩[36]

机组的叶轮将无法保持正对风向,最不理想的受力方向是机舱侧面,即使叶片正常顺桨,侧面受力也容易使风电机组飞车,进而导致叶片断裂或风电机组倒塌。所有大型海上风电机组均需要采用大型柴油发电机作为备用电源。备用电源可以加装在风电机组集电线路的一端,避免在台风期间,风电机组因失去交流电而无法对风,造成叶片飞车或因机舱侧面受力而倒塌。也可以在风电机组平台上加装集装箱,在集装箱里准备 UPS 电源、蓄电池,用于提供 1 天左右的偏航和变桨动力[33]。

6. 结构振动控制技术

结构阻尼器可有效抑制工程结构的振动,已在工程中被广泛应用。应用于工程结构的阻尼器有调谐质量阻尼器(TMD)、调频液体阻尼器(TLD)、调频弹簧阻尼器(TSD)等,其中,TMD 的应用最为广泛,如建筑、桥梁的工程实例中。一个简单的 TMD 由质量块(惯性力)、弹簧(弹性恢复力)与阻尼(能量消散)组成,可有效降低主结构振动。近年来,国内外学者做了一些 TMD 系统对于风电机组减振性能的仿真研究。利用 TMD 控制系统抑制塔架振动的结构如图 3-14 所示[37],图 3-14(a)和图 3-14(b)为不同安装结构的 TMD。在控制减振时,将 TMD 的频率调整至塔架振动频率附近,可吸收塔架振动时产生的能量,同时当塔架受到外部激励作用产生振动时,质量块与塔架的运动方向相反,质量块运动反方向的支撑结构对塔架振动施加反作用力，阻止塔架振动。Lackner 等人[38]对海上风电机组的仿真结果表明，利用 TMD 的被动控制系统可使塔底弯矩的疲劳载荷减少 10%。Rodriguez 等人[39]的研究表明，风电机组利用发电机转矩控制、叶片预弯技术和 TMD 减振系统等技术可使风电机组载荷降低 20%，并使得塔筒设计质量降低 10%。

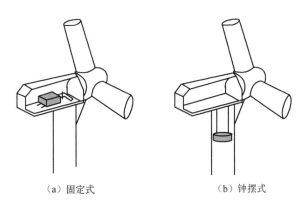

（a）固定式　　　　　　（b）钟摆式

图 3-14　利用 TMD 的控制系统抑制塔架振动的结构[37]

TMD 的质量块也有液体结构，这种液体结构的阻尼器叫做调频液体阻尼器（TLD），TLD 的主要原理为当塔架振动时，TLD 随着塔架振动而发生位移导致液体运动，利用固定水箱中的液体相对于水箱晃动和撞击产生的惯性力和粘滞力而产生阻尼吸收塔架振动产生的能量，从而发挥减振作用。图 3-15 为带有 TLD 结构的风电机组。与 TMD 相比，TLD 安装简单、方便调谐，也可以用作供水水箱，不需要任何机械支撑元件[37]。

在遭遇台风时，TLD 能够在短时间内消耗大量能量，从而维护海上风电机组的结构安全，有利于实现抗台风设计。此外，在未遭遇台风侵袭之时，TLD 亦能有效控制海上风电机组的振动幅度，延长工作寿命，并增加运行稳定性。值得一提的是，与常规抗台风措施相比，阻尼器具有体积小、重量轻、成本低、效果佳、配置灵活等优点，在实际应用当中，有望达到四两拨千斤的效果[40]。

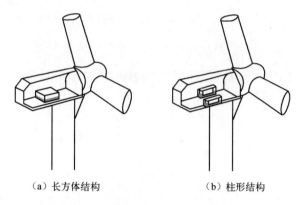

(a) 长方体结构　　　　　　(b) 柱形结构

图 3-15　带有 TLD 的风电机组[37]

3.3.4　其他防台风措施

与"三水准"抗震相似，海上风电机组抗台风设计也大体分为"三水准"：当台风来临时，风电机组启动偏航系统；如果不足以抵抗台风，还可进行机械刹车，此时最好能保持叶片空转以消耗台风能量；倘若仍然不够抵抗台风，则还可以考虑牺牲叶片来保证基础与塔筒的安全，等台风过去之后，再更换叶片或修复叶片[30]。

3.3.5　总结

- 台风具有极值风速大、非平稳性强、风向变化快、与巨浪同步等基本特征。这些特征与海上风电机组抗台风设计紧密相关。
- 海上风电机组在台风作用下的常见失效模式为整体倾覆、塔筒失效、叶片破坏等。
- 根据海上风电机组抗台风的特殊要求，研究人员提出优化叶片、塔筒、传动链、机舱罩的设计，在风电机组平台加装备用电源，引入结构振动控制技术、海上风电抗台风控制策略运行模式，可以有效防止台风对海上风电机组造成破坏。鉴于台风属于复杂的气象条件，因此解决海上风电机组抗台风问题还需要不断探索，寻找更适合我国沿海特殊条件的设计和控制措施，确保我国海上风电的安全、可靠、快速发展。

3.4 防腐蚀设计

我国海上具有丰富的风能资源。由于海上环境具有高湿度、高盐雾、长日照等显著特点，因此海上风电机组的腐蚀速度明显高于陆地风电机组的腐蚀速度。如何进行防腐蚀设计是海上风电产业遇到的技术难题之一[41]。

3.4.1 概述

有关腐蚀的具体定义随着材料的发展一直处在演变当中，早期，腐蚀的定义局限为金属腐蚀，一般定义为"金属和它周围环境介质之间发生化学作用或者电化学作用而引起的破坏和变质"。

随着非金属材料的迅速发展，其腐蚀破坏逐渐引起人们的重视。20世纪50年代以来，腐蚀相关领域的许多学者倾向于把腐蚀的定义扩大到所有材料，如金属、混凝土、塑料、木材和其他无机或有机的非金属材料等。腐蚀的定义扩充为"材料与所处的环境介质发生反应而引起材料的破坏和变质"[42]。

材料腐蚀与环境密不可分。在许多情况下，材料在受到腐蚀的同时还承受着物理作用和机械作用及应力、放射线、电流和生物的共同作用，它们大部分会强化腐蚀作用，加速材料的破坏和变质。

海上风电设备主要涉及金属材质部件、混凝土结构部件和复合材料部件。下面对腐蚀的基本原理进行相关介绍，作为理解防腐蚀措施的基础。

1. 金属腐蚀

(1) 分类

一般来说，按照金属腐蚀的机理可将金属腐蚀分为化学腐蚀、物理腐蚀和电化学腐蚀等三类，直观的判别方法是与金属接触环境介质的种类（非电解质、液态金属和电解质溶液）。

化学腐蚀是指金属表面与环境介质直接发生纯化学反应作用而发生的破坏。化学腐蚀服从多相反应纯化学动力学的基本规律，氧化剂直接与金属表面的原子反应生成腐蚀产物，在反应过程中没有电流产生。实际上，纯化学腐蚀条件比较苛刻，只有在无水的有机溶剂或干燥气体中的金属腐蚀才属于化学腐蚀。

物理腐蚀是指金属材料由于物理溶解作用形成合金或液态金属渗入晶界造成的腐蚀，使金属失去了原有的强度，从而造成结构失效[42]。

电化学腐蚀是指金属表面与电解质溶液发生电化学反应而引起的破坏。电化学腐蚀服从电化学动力学反应的基本规律。金属腐蚀的氧化还原反应被分割成相对独立的阳极区和阴极区。腐蚀过程中一般通过电子和金属离子的转移而产生共轭反应，带电粒子的定向移动产生了电流。电化学腐蚀的反应速率一般要远高于纯化学腐蚀，同时在海上风电的腐蚀环境中，电化学腐蚀占据主导地位，因此金属电化学腐蚀的机理是介绍的重点。

(2) 机理及主要影响因素

海水是含盐量很高的电解质溶液。海洋大气中富含盐雾，沉积在金属表面的吸湿性海盐（氟化钙和氯化镁等）易使金属表面形成液膜。海洋的环境特性决定了海上风电机组易发生电化学腐蚀。

① 腐蚀原电池。

将金属锌片（Zn）和金属铜片（Cu）的一端同时浸入稀硫酸溶液，另一端用导线相连，形成腐蚀原电池，如图3-16所示。通过观察，发现金属锌片被腐蚀，金属铜片有氢气被析出，导线中有电流，化学反应方程式为 $Zn + H_2SO_4 = ZnSO_4 + H_2\uparrow$。

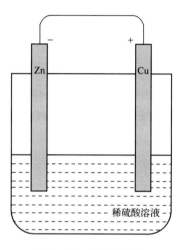

图 3-16　腐蚀原电池

从一般的金属电化学腐蚀方程中可以总结出以下过程。

- 阳极过程：金属发生溶解，相应的金属离子进入电解质溶液，同时电极上富集电子，发生金属氧化反应。这个区域被称为腐蚀的阳极。

$$M_e \rightarrow M_e^{2+} + 2e^- \tag{3-1}$$

- 阴极过程：氧化性物质接收阳极流过来的电子发生还原反应。这个区域被称为腐蚀的阴极。海洋环境中的氧化剂一般为氢离子（H^+）和溶解氧（O_2）。

$$2H^+ + 2e^- \rightarrow H_2\uparrow \quad （酸性） \tag{3-2}$$

$$2H_2O + O_2 + 4e^- \rightarrow 4OH^- \quad （中性或碱性） \tag{3-3}$$

- 电流流动：阳极和阴极的反应不是完全独立的，是靠电子和金属离子的迁移彼此紧密联系的。电流流动在金属中依靠的是从阳极流向阴极的电子，在溶液中依靠的是迁移的离子，即阳离子从阳极向阴极迁移，阴离子从阴极向阳极迁移。在阳极和阴极界面上分别发生上述的氧化反应和还原反应，实现电子的传递。这样，整个电池体系便形成了一个回路。

腐蚀原电池的上述基本过程既是相互独立的，又是彼此紧密联系的，只要其中一个过程受到阻滞，则其他两个过程也将受到阻碍。所以防止金属的电化学腐蚀，就需要从以上三个角度入手降低腐蚀速率。

② 电极电位。

通过上述例子可以发现，金属锌片发生了腐蚀，金属铜片没有发生腐蚀，不同金属发生腐蚀的难易程度不同。为了解释这一现象，需要简单介绍电极电位理论。

双电层理论：当金属浸入电解质溶液时，一方面金属离子有进入溶液而留下电子的趋势，另一方面溶液中的金属离子受到金属表面电子的吸引有沉积的趋势。两个相反的过程逐渐形成动态平衡，使金属表面和电解质溶液之间形成电位差，被称为电极电位。电极电位反映了金属得失电子的能力，大小取决于电极本身的特性，并受电解质溶液的影响。锌的标准电极电位比铜低，因此一般将锌作为阳极，失去电子发生氧化反应。双电层理论示意图如图 3-17 所示。

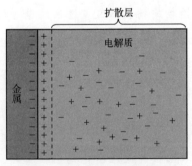

图 3-17　双电层理论示意图

电极得失电子的过程不一定是可逆反应。例如，Fe 在（$FeCl_3$）溶液中腐蚀时，电极得失电子就不是可逆反应，此时称为不可逆电极。可逆电极的电极电位被称为平衡电极。不可逆电极的电极电位被称为非平衡电极。

在一定的电解质溶液中，金属或合金的电位大多数是非平衡电极。此时反应的方向性应根据金属在相应电解质溶液中的腐蚀金属电极排序（电偶序）来判断。此外，金属的电极电位和溶液的PH值密切相关，描述电极电位与PH值关系的图被称为布拜图。

③ 金属电化学腐蚀倾向。

根据热力学原理，在恒温恒压下，开放体系中所进行的金属腐蚀过程可用吉布斯（Gibbs）自由能判据，反应的自由能与金属电极电位之间的关系可表述为[43]

$$G = -nF(E_c - E_a) \tag{3-4}$$

因此，金属腐蚀的热力学条件也可以描述为：金属的阳极电极电位 E_a 低于阴极电极电位 E_c。

④ 极化现象。

平衡电极电位是在开路时测量的。当腐蚀原电池有电流产生时，电极上会得（失）电子，导致电极电位偏离平衡电极电位。一般阴极电位降低，阳极电位升高，使得腐蚀原电池的电位差降低，减小了腐蚀速率。上述现象被称为电池的极化现象。

极化现象与电极反应的各个步骤有关。电极反应一般包含几个连续步骤：反应物由本体溶液向相界区传递的液相传质步骤；反应物在电极表面得（失）电子而生成产物的电子转移步骤；反应产物离开相界区向溶液疏散的液相传质过程或生成气体的新相过程。腐蚀速度的下限主要由这些步骤中阻力最大的步骤决定。

极化现象的原因可分为浓差极化、电化学极化和电阻极化三种。

- 浓差极化：电极反应产生的离子需要靠对流、扩散、电迁移作用向溶液中传递，由于传递的速度低于离子生成的速度，导致电极附近的离子浓度与溶液中的平均浓度不一致，发生电极电位变化。

- 电化学极化：电极反应中，由于金属转变为金属离子需要一定的活化能，因此使金属离子电荷转移的速度低于电子转移速度，阳极的电荷积累促使电极电位变化。
- 电阻极化：电流在通过电解质溶液和电极表面的过程中，因存在某种类型的膜而产生欧姆电位降，使电极发生极化现象。

由上述极化现象可知，电极电位会随腐蚀电流强度的变化而变化，表示阴、阳极电位随电流强度变化的图形被称为伊文思腐蚀极化图。腐蚀体系的电阻较低，阳极电位变化比阴极电位变化剧烈的腐蚀被称为阴极控制的腐蚀过程，阴极电位变化比阳极电位变化剧烈的腐蚀被称为阳极控制的腐蚀过程。若两者的极化率相差不大，则称为阴、阳极混合控制的腐蚀过程。若电阻占主导地位，则称为欧姆电阻控制的腐蚀过程。

⑤ 析氢腐蚀与吸氧腐蚀。

理论上，能够吸收阳极所产生电子的物质都可充当腐蚀原电池的阴极。由于腐蚀原电池阴极吸收电子的过程就是降低阴极极化，因此阴极的氧化剂又可以称作去极化剂。最常见的两种氧化性物质就是氢离子（H^+）和溶解氧（O_2）。

以氢离子（H^+）作为去极化剂的金属腐蚀称作析氢腐蚀。析氢腐蚀的必要条件就是金属电位比氢电极更低，与腐蚀介质的pH值没有必然联系。例如，电位较低的铁、锌等，可在不含氧的非氧化性酸中发生析氢腐蚀；电位更低的镁及其合金，可在碱性溶液中发生析氢腐蚀；过于活泼的钛、铬等，由于发生了钝化而不会发生析氢腐蚀。

以氧为去极化剂的金属腐蚀称作吸氧腐蚀。由于在相同条件下，氧的离子化电位比氢的离子化电位高1.227V，因此无论腐蚀介质的酸碱性如何，都优先发生吸氧腐蚀。由于一般海水的pH值在8~8.2之间，因此在绝大多数工程中，所用金属在海水中都发生吸氧腐蚀。镁在海水中既有析氢腐蚀又有吸氧腐蚀。

⑥ 金属的钝化。

金属或合金因受一些因素影响而使其化学稳定性明显增强的现象，被称为金属的钝化。例如，铝的化学性质过于活泼，与空气中的氧发生反应形成了致密的氧化膜，阻止了进一步氧化。

通过采用化学氧化剂（如浓硫酸）、阳极外加直流电等方法可强迫金属发生钝化。前者被称为化学钝化。后者被称为电化学钝化。

不必依靠外加阳极极化电流就能自动钝化的腐蚀体系被称为自钝化。例如，在钢中添加易钝化的金属铬，即可制成不锈钢。

由于在富含 Cl^- 的海水腐蚀环境中，Cl^- 很容易使钝化膜发生局部破坏，使金属难以形成钝化膜来减缓腐蚀，因此海上风电金属设备的腐蚀速率要远高于陆上风电金属设备。

(3) 类型

- 全面腐蚀：腐蚀分布在整个金属表面，金属表面没有可辨的阴、阳极，并且位置变换不定，如浸没在稀硫酸中的金属锌片发生的腐蚀，腐蚀结果虽然使金属变薄，但是不等于均匀腐蚀。
- 局部腐蚀：通常包括电偶腐蚀、点蚀、缝隙腐蚀、晶间腐蚀、剥蚀、选择性腐蚀和丝状腐蚀等。相对全面腐蚀而言，局部腐蚀仅局限于或集中在金属的某一特定部位，各部位腐蚀存在明显差异，全面腐蚀虽可造成金属的大量损失，但其腐蚀速率易于测量，容易被发现，在工程设计时可预先考虑留出腐蚀余量，防止过早地被腐蚀，危害性远不如局部腐蚀大。局部腐蚀难以预测和预防，往往是在没有先兆的情况下，使金属设备突然发生破坏，常造成重大工程事故或人身伤亡。

- 其他因素的腐蚀：应力腐蚀、生物腐蚀、紫外线辐射等。

2. 钢筋混凝土腐蚀

海上风电机组的基础一般由钢材或钢筋混凝土材料构成。这里简要介绍钢筋混凝土腐蚀的机理。在海洋环境中，钢筋混凝土腐蚀破坏的因素主要有氯化物的入侵、碳化、硫酸盐腐蚀、冻融损失和混凝土本身的混凝土碱-骨料反应等。

通过广泛的调研表明，在海洋环境下，氯盐是导致混凝土中钢筋破坏的主要形式。

（1）氯盐作用

钢筋混凝土的腐蚀可分为腐蚀诱导期、腐蚀发展期和腐蚀破坏期等三个大体阶段。

- 腐蚀诱导期：混凝土的高碱性会使混凝土内部的钢筋表面形成一层致密的钝化膜。当环境中的氯离子透过混凝土传输至钢筋表面时，可使钢筋表面脱钝化而发生腐蚀。从开始使用到钢筋脱钝化的时间被称为腐蚀诱导期。
- 腐蚀发展期：钢筋被腐蚀后，逐渐失去原有的材料性能，使得钢筋和混凝土的承力结构发生变化，导致混凝土发生开裂。这一阶段被称为腐蚀发展期。
- 腐蚀破坏期：混凝土开裂导致内部的钢筋直接暴露在腐蚀介质中，使钢筋的腐蚀速率大幅提升，最终导致结构失效。这一阶段被称为腐蚀破坏期。

（2）碳化作用

混凝土的碳化是指水泥石中的水化产物与环境中的CO_2作用，生成碳酸钙或其他物质，逐渐使得混凝土变得酥脆的过程。海水不断冲刷，使得表面碳化的混凝土材料不断脱落，最终使混凝土结构失效。对于钢筋混凝土内部的钢筋，CO_2溶解后会形成碳酸根离子，使得海水pH值降低，促使钢筋发生析氢腐蚀。

碳化受环境条件、混凝土工艺因素等多方面的影响。

（3）硫酸盐作用

硫酸盐对金属腐蚀有三方面的促进作用：一是类似于CO_2降低海水的pH值，促进钢筋腐蚀；二是与混凝土结构发生石膏反应；三是硫酸根可直接促进钢筋电化学腐蚀。

（4）其他作用

混凝土会受冻龄期、水泥品种、骨料质量和外加剂等因素的影响。

3.4.2 腐蚀环境与腐蚀速率

1. 海水的特性

海水是导电性良好并能溶解氧的强腐蚀性电解液，主要包含的阳离子有钠离子、镁离子、钙离子和钾离子等，阴离子有氯离子、硫酸根离子、碳酸氢根离子、溴离子和氟离子等。海水中虽然其他众多离子和化合物的含量较少，但腐蚀作用却巨大。

海水中溶解了大量气体，如氧气、氮气、二氧化碳等。氧饱和的表层海水加速了海水中碳钢、低合金钢等金属结构的腐蚀速度，具有较高的腐蚀性。周期性变化的海水温度也是影响处于海水中金属腐蚀的因素。一般情况下，金属的腐蚀速率随着温度的升高而加快。另外，海洋中大量的海洋生物和细菌会依附在风电机组上，对其腐蚀行为造成影响。

2. 海洋环境腐蚀区域和腐蚀速率

典型的海洋环境从上到下可分为海洋大气区、浪花飞溅区、海水潮差区、海水全浸区和海底泥沙区等5个典型的腐蚀区域。海上风电机组（以单桩基础为例）涉及上述全部腐蚀环境区域。海洋环境腐蚀区域划分如图3-18所示。

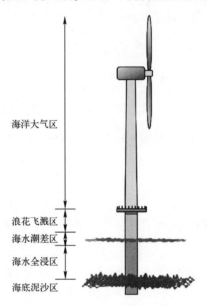

图3-18 海洋环境腐蚀区域划分

(1) 海洋大气区

海洋大气区位于海水飞溅不到、不直接接触海水的区域，主要对应海上风电机组的塔架、机舱和叶片所在的区域。海洋大气湿度大、盐分高，容易在金属表面形成电解质溶液薄膜。钢中的碳原子可作为阳极，有利于原电池的形成，促进电化学腐蚀，使得钢结构发生腐蚀破坏。同时氯化钠会随着海水的蒸发在空气中形成氯化钠盐雾，遇水后又可重新形成氧化钠溶液。盐雾腐蚀不仅会增加腐蚀速率，还会降低风电机组的性能、增加故障率，进而引发更严重的安全事故[44]。

这一部分的腐蚀往往受到多种因素的影响，除了上面讲述的盐分和水分，还包括温度、太阳光照射、腐蚀产物和污染性气体等因素的影响。

(2) 浪花飞溅区

浪花飞溅区是指海水能够飞溅到的区域，海水平均高潮线以上的部分。

浪花飞溅区的腐蚀速率远高于海洋大气区：一方面，浪花飞溅区的含盐量高、海水浸润时间长、干湿交替频繁、供氧充足，氧的去极化反应充分，能促进钢结构腐蚀；另一方面，海水不断冲刷，可使金属表面的防腐涂层和腐蚀产物出现剥离，使得未被腐蚀的部分不断暴露在腐蚀环境中。基于以上两点，浪花飞溅区的腐蚀速度是所有区域中最大的，一般要选择腐蚀裕量的方式进行腐蚀防护。

(3) 海水潮差区

海水潮差区是指海水平均高潮线与平均低潮线之间的区域，退潮时暴露在空气中，涨潮时被淹没。在海水潮差区，金属周期性地与海水和空气接触，供氧充足，由于在与海水全浸区共同构成的宏观电池中做阴极，因此腐蚀速率较低。海水潮差区金属的腐蚀速度通常会受到海洋生物的影响。另外，在海水潮差区，风电机组还有可能受到浮冰和运维船的撞击。

(4) 海水全浸区

海水全浸区是指平均低潮线以下，常年被海水浸泡的区域。在海水全浸区，钢结构全浸于海水，如测风塔管架平台的中下部位等。此区域海水的pH值呈现中性或弱碱性，金属一般发生吸氧腐蚀，溶解氧的含量起到主导作用。

在海水全浸区的上部，腐蚀速率仅次于浪花飞溅区。其原因是海水潮差区和海水全浸区的上部共同构成了氧浓差电池。海水潮差区的氧含量较高，作为氧浓差宏观电池的阴极受到保护，氧含量相对较低的海水全浸区作为阳极腐蚀速率加快，因此造成了该区域的腐蚀速率仅次于浪花飞溅区。

(5) 海底泥沙区

海底泥沙区是指在海水全浸区内被海泥覆盖的区域。海底沉积物的腐蚀特性随着海域和海水深度的变化而不同。海底泥沙区的表层实际上是饱和的海水土壤，与海水充分混合，含盐量高、电阻率低、含氧量低，有利于厌氧菌的繁殖，细菌活动产生的副产物可能会加速材料的腐蚀。一般来说，随着深度的增加，其腐蚀能力也逐渐减弱。

3. 环境腐蚀性等级

结合海洋腐蚀环境分区，海上风电机组所处区域不同，环境腐蚀性等级也不同。

根据 ISO 12944-2—2007《色漆和清漆防护涂料体系对钢结构的腐蚀防护 第2部分：环境分类》的分类标准，环境腐蚀性等级根据腐蚀性从低到高依次分为 C1、C2、C3、C4、C5-I（工业）和 C5-M（海洋）。水和土壤的环境腐蚀性等级分为 Im1、Im2 和 Im3 等三类，依次代表淡水环境、海水或微咸水环境和土壤环境。

在海洋大气区，直接接触海洋腐蚀环境的风电机组外表面的环境腐蚀性等级可定为 C5-M；不直接接触海洋腐蚀环境的风电机组内表面的环境腐蚀性等级可定为 C4、C5。若机舱内部有较好的环境控制，则环境腐蚀性等级可定为 C3 或以下。

在浪花飞溅区、海水潮差区，环境腐蚀性等级一般可定为 Im2。在海水全浸区，环境腐蚀性等级可定为 Im2。在海底泥沙区的一定深度以下，钢管桩外表面的环境腐蚀性等级可定为 Im3。

不同海洋区带的划分标准、环境条件、腐蚀特点及腐蚀性等级见表 3-8。

表 3-8 不同海洋区带的划分标准、环境条件、腐蚀特点及腐蚀性等级[45]

海洋区带	划分标准	环境条件	腐蚀特点	腐蚀性等级
海洋大气区	海水飞溅不到、不直接接触海水的区域	由风带来小海盐颗粒，影响因素有高度、风速、雨量、温度、辐射等	海盐颗粒使腐蚀加快，随离海岸距离不同而不同	外部：C5-M；内部：C5-M/C4
浪花飞溅区	海水能够飞溅到表面，在海水平均高潮线以上的区域	潮湿、与空气充分接触，无海生物沾污	海水飞溅、干湿交替，腐蚀剧烈	Im2

续表

海洋区带	划分标准	环境条件	腐蚀特点	腐蚀性等级
海水潮差区	海水平均高潮线与平均低潮线之间的区域	周期浸没，供氧充足	因氧浓差电池形成阴极而受到保护	Im2
海水全浸区	平均低潮线以下且常年被海水浸泡的区域	浅海区氧处于饱和状态，影响因素有含氧量、流速、水温、海洋生物、细菌等	腐蚀随温度和海水深度变化，阴极区往往形成灰质，生物因素影响较大	Im2
海底泥沙区	在海水全浸区且被海泥覆盖的区域	常有细菌，如硫酸盐还原菌	泥浆通常有腐蚀性，引起微生物腐蚀	Im3

3.4.3 防腐蚀设计形式

海上风电机组的使用寿命一般要求不低于20年，基础寿命不低于25年。从前文的腐蚀机理可以分析出，防腐蚀的方法一般可分为隔离防腐、电化学防腐和本质防腐，在风电机组中，还可以通过加强密封来降低腐蚀速率。

海上风电防腐设计的形式主要包括防腐涂装（防腐涂料、金属热喷涂和镀层）、阴极保护、包覆隔离、结构设计、腐蚀裕量、环境控制（加热除湿和加强密封）、材料选择和防锈油等。其中，材料选择、结构设计、防腐涂装广泛应用于基础和塔架及机舱防腐；腐蚀裕量主要用于浪花飞溅区、海水潮差区的基础防腐；金属热喷涂主要用于海洋大气区C5-M下的塔筒、法兰面和机舱防腐；阴极保护主要用于Im2/Im3基础防腐；包覆隔离主要用于浪花飞溅区、海水潮差区Im2下的基础防腐；加热除湿主要用于塔架、机舱内部电气设备防腐。

1. 防腐涂装

防腐涂装主要包括防腐涂层（主要是防腐涂料）和金属涂层（包括金属

热喷涂和镀层)。

防腐涂料的防腐机理：在金属表面形成一层屏蔽涂层，避免金属与腐蚀介质直接接触，从而降低腐蚀速率。由于海上风电机组维护成本高，环境腐蚀性强，因此传统的防腐措施不足以满足防腐要求，因此常采用重防腐涂料。重防腐涂料一般具有厚膜化、高性能、基体表面处理要求高三大特点。

金属热喷涂属于涂层法，即将金属喷涂材料加热至熔融状态的微粒，借助气流等动力作用以一定的速度将其冲击并沉附在需要保护的基体表面，形成具有所需性能的金属涂层。常见的金属喷涂材料有锌、不锈钢等。其中，不锈钢涂层具有耐磨损和保护周期长的特点；锌涂层不仅具有覆盖、耐腐蚀作用，更重要的是还具有阴极保护功能[46]。

镀层法属于隔离防腐，主要用于海洋大气区、浪花飞溅区和海水潮差区。海上设备中的较小附属部件或连接部件通常采用此种方法。常用的防腐镀层法可分为热浸镀法和电镀法。热浸镀法是将经过表面处理后的结构件浸入高温状态的镀层盐溶液槽中，利用置换反应在结构件表面形成设计厚度的金属保护层。电镀法是采用外加电流进行电解置换的工艺。

2. 阴极保护

阴极保护属于电化学防腐，分为外加电流阴极保护法和牺牲阳极阴极保护法，本质上都是通过改变电极电位来降低腐蚀速率。

外加电流阴极保护法主要通过外加电源强制形成电位差，将难以腐蚀的材料作为阳极，易被腐蚀的结构作为阴极，阻止腐蚀。牺牲阳极阴极保护法主要将被保护的结构与活性更高的材料电路相连，形成保护电位差，使得被保护的结构作为阴极，阻止腐蚀。

3. 包覆隔离

包覆隔离主要利用其他材料将被保护的结构与环境隔离，达到减缓腐蚀的目的。例如，传统的混凝土包覆、耐腐蚀的蒙乃尔合金局部包覆、我国侯保荣院士等人提出的海洋钢结构浪花飞溅区新型复层矿脂包覆（PTC）等技术。

4. 结构设计

合适的结构设计能够降低腐蚀速率，风电机组可通过防盐雾、防海水设计，减少与腐蚀介质的接触。结构设计普遍应用于海上风电机组及海上升压平台基础、塔筒的防腐。

5. 腐蚀裕量

腐蚀裕量指的是通过人为加厚被腐蚀部件，使其在设计寿命内不发生结构失效，其取值大小由介质对材料的腐蚀速率与零部件的设计寿命所决定，一般仅用于具有较小意义的部件、具有短设计寿命的结构、定期检查和修理工作的区域。

例如，ISO 19902—2007《石油和天然气工业——固定式海上钢结构》中规定，浪花飞溅区腐蚀速度为 0.3mm/年，那么设计寿命为 20 年的浪花飞溅区总腐蚀为 6mm。

6. 环境控制

环境控制主要包括加热除湿和加强密封，通过降低腐蚀介质的腐蚀性来防腐。

- 加热除湿设计：当金属表面潮湿时，容易发生电化学腐蚀，腐蚀速度较快，但在干燥环境中，纯化学腐蚀的速率较慢。因此，可通过在风电机组内部进行密封并加装空调，以保持内部空气干燥的方法降低腐蚀速度。
- 加强密封设计：通过采取相应的密封措施，对机舱罩、导流罩等主机罩体，及主轴承、增速箱、发电机等包含旋转运动的部件进行密封，以减少盐雾和水汽进入风电机组内部。

7. 材料选择

提高材料本身的防腐性能是避免腐蚀失效的重要手段之一，但更换材料不仅需要综合考虑设计和制造的难度，还需要满足技术、经济等要求。例如，在普通碳钢的冶炼中加入一定的锰、铬、磷、矾等元素，制成相应的合金可提高抗腐蚀能力，但其力学特性、材料成本也会发生变化。

3.5 防雷设计

海上风电机组的单机容量往往大于陆地风电机组的单机容量。单机容量的升高使风电机组的叶片越来越长，整机高度不断增高，因海上雷雨多，且无遮挡物，所以更易受雷电袭击，维修不便，成本高昂，环境恶劣，易受腐蚀。因此，海上风电机组无论建造还是维修成本都远高于陆上风电机组，因而对可靠性提出了更高的要求。防雷与接地系统对风电机组的可靠性有重大影响。雷击可对风电机组造成根本破坏，设计不良的接地系统会极大地影响风电机组的工作稳定性[47]。海上风电机组由于所处环境特殊，因此对可靠性要求远高于陆上风电机组。

3.5.1 雷电的形成与危害

雷电是一种大气放电现象。空气中的尘埃、冰晶等物质在运动中因剧烈摩擦而生电，使云块带上正、负电荷，这样的云块被称为雷电云。在雷电云运动过程中，当异性带电中心之间的空气被其强大的电场击穿时，就产生放电现象。这种放电现象有的是在云层与云层之间进行，有的是在云层与大地之间进行。风电机组遭受雷击实际上就是带电雷云与大地之间的放电。在所有雷击放电形式中,雷云对大地的正极性放电或大地对雷云的负极性放电都具有巨大的电流和能量。雷击会导致风电机组很多方面的故障。风电机组主要部件被雷击后的毁坏率由高到低排列为电控系统、叶片、发电机,由雷击导致的维修成本由大到小排列依次为叶片、发电机、电控系统、通信系统等。其中最严重的雷电危害是由雷电导致的风电机组起火,会导致风电机组损坏。

风电机组在正常发电运行期间,如遭受雷击,带来的不仅仅是设备的损坏,还会造成大量的停机时间。国际标准CTR61400-24中的统计表明,由于雷击造成的风电机组停机时间(主要是由电气系统的检修期、配件的定购期和运输期等造成的),是风电机组各种故障中停机时间最长的。表3-9为由故障所造成的平均风电机组停机时间和平均电力损失。统计显示:雷击故障在风电机组的总故障数量中,虽然发生次数较少,但造成的停机时间比其他故障造成的停机时间总和还要多。停机期间会造成大量发电量的损失,从而也会带来相应的经济损失。

表3-9 由故障所造成的平均风电机组停机时间和平均电力损失(包括雷电事件数量)

故障	雷电事件数量	平均风电机组停机时间(h)	平均电力损失(kW/h)
所有故障	10192	91	2249
雷击故障	461	110	3200
与平均故障的差异率	—	+20.8%	+40.3%

雷电过电压对风电机组的损害有4种形式:

- 雷电直接击中设备造成的直击雷损害;
- 雷电流流入接地体时,在接点电阻上产生的瞬态地电位抬高会对风电机组造成地电位反击损害;

- 雷电过电压沿着与设备相连接的电源线、信号线侵入设备造成的雷电电源侵入波损害；
- 由于设备安装不当，受雷击电场或磁场影响，元器件灵敏度失调。

3.5.2 雷电破坏机理

风电机组遭受雷电破坏的机理与雷击放电的电流波形和雷电参数密切相关。雷电参数包括峰值电流、转移电荷及电流陡度等。

1. 峰值电流

当雷电流流过被击物时，会导致被击物的温度升高，风电机组叶片的损坏在很多情况下与此热效应有关。热效应从根本上来说与雷击放电所包含的能量有关，其中峰值电流起到很大的作用。当雷电流流过被击物时（如叶片的导体），还可能产生很大的电磁力，电磁力的作用也有可能使叶片弯曲甚至断裂。另外，雷电流通道可能会出现电弧。电弧产生的膨胀过压与雷电流波形的积分有关，燃弧时骤增的高温会对被击物造成极大破坏。这也是导致叶片损坏的主要原因。

2. 转移电荷

物体遭受雷击时，大多数的电荷转移都发生在持续时间较长、幅值相对较低的雷电流过程中。持续时间较长的雷电流将使被击物表面局部熔化，并产生灼蚀斑点。在雷电流路径上，一旦形成电弧，就会在发生电弧的地方出现灼蚀斑点，如果雷电流足够大，还可能导致金属熔化。这是威胁风电机组轴承安全的潜在因素，因为在轴承的接触面上非常容易产生电弧，有可能将轴承熔焊在一起。即使不出现轴承熔焊现象，轴承上的灼蚀斑点也会加速磨损，缩短使用寿命。

3. 电流陡度

风电机组遭受雷击时经常会造成控制系统或电子元器件损坏，其主要原因是存在感应过电压。感应过电压与雷电流的陡度密切相关。雷电流陡度越大，感应过电压就越高。

3.5.3 防雷设计原则与定义

防雷装置的设计应与海上风电机组和其他设施的结构设计同时进行，以便得到技术、经济及安全性最优化的防雷装置设计。特别是在设计海上风电机组和建筑物时，可利用其中的金属物作为防雷装置的有关部分[48]。

1. 防雷设计原则

选择适宜的保护等级以便在最大允许条件下，通过所采取的保护措施，减小直接雷击对海上风电机组造成破坏的风险。

根据电磁条件的要求将海上风电机组分成若干防雷区，对不同的防雷区应采取与其相适应的措施[48]。

2. 相关定义

- 雷电防护系统：用于减少雷电闪击于建（构）筑物上或建（构）筑物附近造成的实体损害和人身伤亡的系统。
- 雷电电磁脉冲：雷电流经电阻、电感、电容耦合产生的电磁效应，包含闪电电涌和辐射电磁场。
- 防雷区：划分雷击电磁强度的区域，分界面不一定要有实物，如不一定要有墙壁、地板或天花板作为分界面。建立防雷区后，空间防雷电磁脉冲强度应与内部系统的冲击耐受水平相匹配。
- 雷电等级：用来设计雷电防护措施的一组带概率性的雷电流参数值，超过其中最大值或低于其中最小值的自然雷电流是一个低概率事件，可反映防雷系统的防护效率。
- 雷电等电位连接：为减小由雷电流引起的电位差，直接用短直导体或通过电涌保护器把分离的金属部件连接到雷电防护系统上的一种防雷措施。

- 电涌：由雷电电磁脉冲引起的，以过电压和/或过电流形态出现的瞬时波，形成原因可能是（局部的）雷电流、设施内环路的感应效应，以及下级电涌保护器的残余威胁，也可能是其他原因，如操作开关或熔断器熔断。
- 电涌保护器：用于限制瞬态过电压和泄放电涌电流的器件，至少包含一非线性的元器件。
- 接闪器：雷电防护系统中用于拦截雷击的组成部分，由拦截闪击的接闪杆、接闪带、接闪线、接闪网及金属面和金属构件等组成。
- 接闪带：接闪器的一种，一般水平或倾斜敷设（根据建筑面的倾斜度确定），至少有两个地方（首、尾）与引下线连接；如果悬空架设，则称为接闪线；如果网状敷设，则称为接闪网。
- 引下线：用于将雷电流从接闪器传导至接地装置的导体。
- 汇流排：也叫接地铜排，可使接地导体与连接系统中各金属部件等电位，等电位系统的电压差几乎为 0，可在发生过电流或故障时保护人员和设备的安全，一般安装在机房至地网的地线前端，所有设备的接地端均在此汇集，在内部防雷系统或电气系统中主要用于均压。
- 接地体：埋入土壤中或混凝土基础上作为散流导体。
- 接地装置：接地体和接地线的总合，用于传导雷电流并将其流散入大地。
- 基础接地极：地基混凝土钢筋或预埋在建筑物混凝土中用作接地体的其他导体。
- 低压电气系统：包括风电机组中用于产生和传输风电电力能量的主电力电气系统（发电机、变流器及相关器件）、用于测量的低压电源系统。
- 避雷器：用于保护电气设备免受高瞬态过电压危害并限制续流时间和

续流幅值的一种电气部件。通常连接在电网导线与地线之间，有时也连接在电气设备绕组旁或导线之间，有时也称为过电压保护器、过电压限制器。

- 保护性接地：为防止电气装置的金属外壳、配电装置的构架和线路杆塔等带电危及人身和设备安全而进行的接地，就是将正常情况下不带电，在绝缘材料损坏后或其他情况下可能带电的电气金属部分（与带电部分相绝缘的金属结构部分）用导线与接地体可靠连接起来的一种保护接线方式。

- 功能性接地：用于保证设备（系统）的正常运行，或使设备（系统）可靠而正确地实现其功能[49]。

3. 保护等级的确定

海上风电机组虽属于一般性工业建筑物，但因其孤立在海平面上，高度超过100m，且四周无高的建筑物，因此在海上雷雨多发地带极易遭受雷击。在设计风电机组时，应准确确定风电机组的防雷等级。

根据以下公式可以计算风电机组年预计雷击次数，即

$$N = k \times N_g \times A_e \tag{3-5}$$

式中，N 表示风电机组年预计雷击次数（次/a）；k 表示校正系数（对于海上风电机组，取2）；N_g 表示风场地区雷击大地的年平均密度[次/(m²·a)]；A_e 表示与风电机组截收相同雷击次数的等效面积（m²）。

风电机组的外形是不规则的，叶片所处的高度 H 为最高、机舱长度 L 为最长、风轮直径 W 为最宽，因而在计算时，应将风电机组近似为一个高为 H、长为 L、宽为 W 的规则几何体。由于风电机组的高度大于100m，周边无遮挡物，因而其每边的扩大宽度应按风电机组的高度计算。

根据计算得到的风电机组年预计雷击次数，依据 GB 50057—2010，可确

定风电机组的防雷等级,如对于 $N=0.25$ 次/a 的风电机组,防雷等级应归为二类。设计时,取雷电流幅值为 150kA,波头 T_1 为 $10\mu s$,半值时间 T_2 为 350ps,滚球半径 R 为 45m。

4. 易被击中位置与防雷击设计

雷云对大地放电时,雷电很容易击中叶尖,但也有可能击中叶片的侧面或叶片的绝缘部分甚至内部导体。大地对雷云的放电是从顶端开始形成的,非常强烈地表现在叶尖和其他外部突出的点,如机舱上的避雷针、机舱前端和轮毂等部位。如果叶片具有叶尖防雷保护,则向上发展的雷击放电也将集中在叶尖上。由此可见,风电机组遭受雷击时,雷击点可能分布在许多部位。

据分析,由雷击引起的损坏主要是由大气放电引起的强大电流所致,与放电产生的最大电流、放电电荷量等参数有关。目前,风电机组防雷击所采取的常见措施主要有以下几种。

(1) 易受雷击区域的防雷措施

易受雷击区域的危险性极高,其防雷措施的关键就是使雷击电流能够尽快被传导,目前最多采用的措施仍是传统的富兰克林避雷方法,同时还可利用易受雷击区域的高度使雷云电场发生畸变,以局部代替被保护物遭受雷击,达到避雷目的。对于风电机组而言,由于叶片处在最高位置并且是运动的,因此对叶片的制作材料及雷电流的泄放通道提出了较高要求。

(2) 等电位连接

海上风电机组的所有导电物必须进行等电位连接,通常进行等电位连接的电缆都是扁平的,又称金属连接带。金属连接带两端的电位必须相等,可有效降低电磁场干扰,同时,风轮、机舱、机舱底座及塔筒之间应进行可靠电气连接,各连接电阻应尽量小,一般不大于 0.03Ω。

(3) 添加浪涌保护装置

电气回路和通信线路因外界雷电等干扰产生尖峰电流或电压,且持续时

间超过 $3×10^{-9}$s 时，被称为浪涌。浪涌保护装置能在极短的时间内导通而起分流作用，从而避免电气回路中的电子设备受到浪涌的冲击而损坏。在防雷评估中，一般将风电机组定为 B 级防护。对于 B 级防护区域内的电子设备，要求安装三级浪涌保护装置：第一级为开关浪涌保护装置；第二、三级为限压型浪涌保护装置。风电机组的各种控制柜、开关柜等应加装此类装置。

（4）隔离

一般而言，光电隔离可以有效减少并抑制弱电信号在传输过程中产生的各种干扰，促使电子设备可靠稳定运行，就风电机组而言，机舱上的处理器和地面上的控制器之间采用光纤连接可以有效减少干扰。

3.5.4 防雷击措施

1. 风电机组叶片和机舱的防雷

风电机组叶片遭雷击后，损坏的典型形式是叶片开裂、复合材料表面被烧灼损坏或金属部件被烧毁及熔化。风电机组叶片遭雷击损坏的机理是因叶片外部温度的变化，使残留在叶片内部的潮湿空气冷凝化，以及由于叶片的旋转而使积累在叶尖部位的水珠增多，当雷电击中叶片后，叶片内部的水蒸气和空气迅速膨胀，瞬间产生巨大压力的冲击，使整个叶片爆裂，严重时，压力还会通过轮毂传导到没有遭雷击的叶片上而引起连锁损坏。因此，叶片防雷击的关键是叶尖部位的水珠必须尽量排除，通常的做法是在叶尖处开一个排水孔，并在排水孔处安装接闪器。此外，风电机组的叶片质量是由组成部件的质量决定的，因此在叶片出厂前，必须检测每个接闪器到叶片根部金属法兰之间的电阻大小，当电阻达到毫欧姆级时，就表明此时的接闪器连接具有较好的质量。

2. 风电机组轴承和齿轮箱的防雷

在风电机组中常有偏航轴承、变桨轴承及具有增速功能的齿轮箱等部件。

轴承在工作时的运动和接触面是变化的,当流过轴承接触面的电流密度超过一定值时就会产生电弧,尤其是当雷电击中风电机组叶片时,所产生的巨大电流流经轴承和齿轮箱,会在接触面上留下烧蚀斑点,造成轴承与齿轮系统的振动和机械磨损增大,缩短轴承和齿轮箱的使用寿命。因此,对于风电机组轴承和齿轮箱的防雷,通常应考虑如何减小叶片在遭受雷击时通过轴承接触面的电流。在工程实际中,按照标准(IEC 61400-24)的做法是添加绝缘层来改变雷击电流的路径,添加与轴承平行的滑环来承担部分雷击电流。目前,大部分风电机组的慢速轴、齿轮箱均通过支架固定在机舱底座上,它们之间都有绝缘层,同时齿轮箱的高速轴与发电机动力轴之间的软连接也具有绝缘作用。

3. 海上风电机组的内部防雷

海上风电机组内部分为电力线路和信号线路。线路是与电气设备相连的。风电机组内部防雷主要是防止雷电流对线路和电气设备造成影响。雷电流总是流过电阻最小的通道的,一旦流过电力线路和信号线路及与其相连的电气设备,就会造成损坏。雷电流在风电机组内部产生交变磁场,由于电力线路和信号线路与雷电流平行,因此会产生感应过电压,幅值可达几十千伏,从而对电力线路和信号线路产生影响并造成损坏。雷电流会在接地体上产生残压,抬高地电位,从而影响风电机组控制系统的稳定性。

(1) 防止雷电流直接注入

由于雷电流直接注入相关线路和设备是严重的雷击现象,会产生巨大的破坏,因此避免雷电流进入相关线路和电气设备是防雷的首要任务。实现该任务是比较容易的,即需要科学地布置接闪器、接闪带、引下线、汇流排等,并将其可靠连接,确保雷电流能够以最短路径流到引下线。雷电流首先会流过接至接地体的引下线,因为该路径最短、电阻最小,再流至接地体,从而保证雷电流不会进入其他线路和电气设备。对采用接闪杆保护的风速仪、风向标的信号线路,应该沿着金属构件布置,并加以屏蔽、绝缘,以防止雷电流注入信号线路。

(2) 感应过电压的抑制

由雷击产生的感应过电压会损伤风电机组内部的电力线路和信号线路及与其相连接的电气设备等。这些损伤可能是潜在的,可能会在未来的运行过程中引发大的故障,也可能是显性的,更重要的是会导致风电机组工作不稳定,因而感应过电压是最难防的。减小感应过电压的一般方法如下。

- 电力线路和信号线路尽可能短,尽可能靠近金属构件,低压和高压电缆保证有一定的安全距离。
- 对于距离较长的控制线路,应尽可能采用光纤通信。
- 塔架内自上而下的、长距离的辅助供电线路应采用屏蔽电缆,且两端接地。所有非光纤信号线路都采用屏蔽电缆:传输低频信号时,屏蔽层两端应可靠接地;传输高频信号时,屏蔽层两端应在最靠近接地体的地方接地,最大限度地保证控制信号和电源的稳定性。
- 敏感的控制线路应布置在两端固定的线槽中。
- 风电机组控制器中,各电压等级的电源变压器和通信线路,宜采用相应电压等级的开关型浪涌保护器,以防止过电压;而控制器中的24V直流电源、I/O模块,则采用限制型浪涌保护器。

(3) 抑制雷电流抬高地电位对风电机组控制稳定性的影响

风电机组接地分为保护性接地和功能性接地。每一种接地都有特定作用。风电机组实际上很难将所有的接地都分开。防雷接地是要将雷电流导入地,对地电位将产生很大影响,可抬高地电位,影响其他地的功能,因而风电机组的防雷接地应单独接。如果条件允许,应尽量将不同的地分开接,以保证每个地少受其他地的影响,接地类型见表3-10。

表 3-10　海上风电机组接地类型

分　类	接地名称	目　　的
保护性接地	保护接地	保护人身安全
	防雷接地	雷电流导入地
	静电接地	静电引入地
	防腐接地	阴极保护
功能性接地	工作接地	保证系统正常
	逻辑接地	获得参考点位
	信号接地	获得基准点位
	屏蔽接地	防止电磁干扰

海上风电机组的接地系统是一个围绕基础的环状导体。此导体布置在距基础一定距离的水面或淤泥下 1m 处，采用横截面积为 $50mm^2$ 的铜导体或直径更大的铜导体，并确保始终处在水面下，且采用牺牲阳极的阴极保护，引出多个接地端子，在不同位置接地。

3.5.5　防雷装置的检查和维护

1. 防雷装置检查的内容

- 防雷装置与设计的一致性。
- 防雷装置各部分的情况良好，并有能力实现设计所给予的功能，没有腐蚀效应。
- 对任何新增加的海上风电机组或设施，应将新增的防雷装置连接到原来的防雷装置上，或将原有的防雷装置延伸，使新设施合并到原来需要防雷的空间[48]。

2. 防雷装置检查程序

- 在海上风电机组和其他设施的安装和施工期间，应核对埋入的接地体。
- 安装好防雷装置后，应按上述检查要求检查。

- 定期按上述检查要求重复检查，检查的时间间隔应根据需要防雷空间的特点和腐蚀情况确定。
- 在有改变或修理或海上风电机组遭受雷击后，应按上述检查要求附加检查。

3. 维护

- 定期检查防雷装置是可靠运行的基本条件，应无延误地修理好所有发现的缺陷。
- 海上风电机组用户手册的运行维护部分应包含防雷系统检查和维护说明的具体内容[48]。

参考文献

[1] 王治卿. 集约型一体化管理体系创建与实践 [M]. 中国石化出版社，2010：21-22.

[2] 陈小海，张新刚，李荣富. 海上风力发电机设计开发 [M]. 北京：中国电力出版社，2018.

[3] 符鹏程，刘建平，何凯华，等. 海上风电项目"一体化设计"难点分析 [J]. 风能，2020，120（02）：70-71.

[4] 翟恩地，张新刚，李荣富. 海上风电机组塔架基础一体化设计 [J]. 南方能源建设，2018，5（02）：1-7.

[5] Kaufer D, Cosack N, Böker C, et al. Integrated analysis of the dynamics of offshore wind turbines with arbitrary support structures [C] // European Wind Energy Conference, Marseille, France, 2009.

[6] Gentils T, Wang L, Kolios A. Integrated structural optimisation of offshore wind turbine support structures based on finite element analysis and genetic algorithm [J]. Applied En-

ergy, 2017, 199: 187-204.

[7] Popko W, Vorpahl F, Jonkman J, et al. OC3 and OC4 projects - verification benchmark exercises of state-of-art coupled simulation tools for offshore wind turbines [C] // The 7th European Seminar Offshore Wind and other Marine Renewable Energy in Mediterranean and European Seas (OWEMES), Rome, Italy, 2012, 499-503.

[8] 赵祥, 范瑜, 夏静, 等. 大型海上风力发电机组的可靠性设计 [J]. 防爆电机, 2019, 54 (004): 16-23.

[9] 崔玉莲. 机械产品可靠性设计方法综述 [J]. 机械设计, 2009, 26: 12-13, 22.

[10] 侯郁. 第四讲 可靠性设计概述 [J]. 石油工业技术监督, 1999 (7): 34-36.

[11] Spinato F, Tavner P J, Bussel G V, et al. Reliability of wind turbine subassemblies [J]. Iet Renewable Power Generation, 2009, 3 (4): 387-401.

[12] 谢少锋. 可靠性设计 [M]. 北京: 电子工业出版社, 2015.

[13] 吴佳梁, 李成锋. 海上风力发电技术 [M]. 北京: 化学工业出版社, 2010.

[14] 周倜, 金柏冬, 李孝鹏, 等. 复杂系统的可靠性广义裕度设计方法 [C] // 第四届中国航天质量论坛论文集, 2013.

[15] 孙薇薇, 周虹. 有效的冗余设计 [J]. 电子产品可靠性与环境试验, 2008, 26 (3): 47-50.

[16] 郭振铎, 郭炳, 赵凯. 电子元器件降额设计研究 [J]. 电子技术与软件工程, 2016 (1): 257-258.

[17] 陈逸民, 虞大镇, 黄宝兴. 第十讲 热设计 (下) [J]. 电子技术, 1981 (12): 32-34.

[18] 彭道勇, 刘春和, 赵韶平, 等. 电子设备可靠性设计方法综述 [C] // 第四届电子信息系统质量与可靠性学术研讨会论文集, 2008.

[19] 刘混举, 赵河明, 王春燕. 机械可靠性设计 [M]. 北京: 国防工业出版社, 2009.

[20] 陈超. 横风向风效应对风机扩展基础安全裕度的影响机制 [D]. 宜昌: 三峡大学, 2013.

[21] 李维荣，朱家诚．螺纹紧固件防松技术探讨［J］．机电产品开发与创新，2003，000（002）：15-17．

[22] 方俊元．风力发电机组齿轮箱强度可靠性优化研究［D］．北京：华北电力大学，2013．

[23] 刘栋．风力发电机齿轮箱可靠性分析与优化设计［D］．成都：电子科技大学，2020．

[24] 王学文．机械系统可靠性基础［M］．北京：机械工业出版社，2019．

[25] 曾声奎，赵延弟，张建国．系统可靠性设计分析教程［M］．北京：北京航空航天大学出版社，2001

[26] 宋娜．基于数据的风电机组发电机故障预测与健康管理［D］．上海：上海交通大学，2020．

[27] 张通．海上风电机组可靠性、可利用率及维护设计［M］．北京：机械工业出版社，2018．

[28] 薛赛．风电变流器中直流侧电容可靠性评估及其提高措施的研究［D］．重庆：重庆大学，2017．

[29] 赵祥，范瑜，夏静，等．大型海上风力发电机组的可靠性设计［J］．防爆电机，2019，54（4）：16-23．

[30] 贺广零，田景奎，常德生．海上风力发电机组抗台风概念设计［J］．规划设计，2013，34（2）：11-17．

[31] 张锋，吴秋晗，李继红．台风"云娜"对浙江电网造成的危害与防范措施［J］．中国电力，2005，38（5）：39-42．

[32] 刘海涛．1MW风力发电机组抗台风加强设计研究［D］．北京：华北电力大学，2015．

[33] 陈俊生，张斌．海上风力发电机组抗台风分析［J］．研究园地，72-75．

[34] 贺广零，李杰．风力发电高塔系统抗风动力可靠度分析［J］．同济大学学报：自然科学版，2011，39（4）：8．

[35] 贺广零，李杰．风力发电高塔系统风致动力响应分析［J］．电力建设，2011，

32（10）：1-9.

[36] 张奇虎，杨胜．兆瓦级风电机组机舱罩加强结构研究［J］．风能产业，2014，11：3.

[37] 项尚．海上风电机组柔性塔架振动控制技术研究［D］．沈阳：沈阳工业大学，2020.

[38] Lackner M A, Rotea M A. Structural control of floating wind turbines［J］. Mechatronics, 2011, 21（4）：704-719.

[39] Carcangiu C E, Pineda I, Fischer T, et al. Wind Turbine Structural Damping Control for Tower Load Reduction［M］//Civil Engineering Topics, Volume 4. Springer New York, 2011：141-153.

[40] 吴家梁．海上风力发电机组设计［M］．北京：化学工业出版社，2012.

[41] 曾伟．海上风电防腐蚀设计［J］．全面腐蚀控制，2020，34（06）：97-102.

[42] 王凤平，敬和民，辛春梅．腐蚀电化学（第二版）［M］．北京：化学工业出版社，2017.9.

[43] 赵晓栋，杨婕，张倩等．海洋腐蚀与生物污损防护技术［M］．武汉：华中科技大学出版社，2017.4.

[44] 马爱斌，江静华等．海上风电场防腐工程［M］．北京：中国水利水电出版社，2015.8.

[45] 侯保荣．海洋钢结构浪花飞溅区腐蚀控制技术［M］．北京：科学出版社，2011.

[46] 王涛，李萍，倪雅，等．海洋能源建筑腐蚀防护［J］．全面腐蚀控制，2013（06）：7-8.

[47] 袁越，严慧敏，张钢等．海上风力发电技术［M］．南京：河海大学出版社，2014.11.

[48] 海上风力发电机组认证规范［R］．北京：中国船级社，2012.

[49] 能源行业风电标准化技术委员会．风力发电机组雷电防护系统技术规范：NB/T 31039-2012［S］．北京：中国电力出版社，2013.

第4章 海上风电机组基础结构

基础结构作为海上风电机组的关键承载部件，在工作条件下的结构响应特性关系到风电机组整体的运行安全，准确获取结构响应特性对于基础结构优化尤为重要。不同的海上风电机组基础结构对风电机组整体动态特性、整体重量和适用环境的影响不同。

本章将列举不同种类的海上风电机组基础结构，并分析其各自的优缺点，提出基础结构的动力学设计方法和疲劳设计方法，提供几种常见的动力学方程数值解法及基础防撞和防冲刷设计方法。

4.1 海上风电机组基础结构种类

4.1.1 桩（承）式基础

桩（承）式基础按照结构形式可分为单桩基础、三脚架基础、高三桩门架基础等。

1. 单桩基础

单立桩单桩基础是桩（承）式基础中最简单也是应用最广泛的一种基础结构，适用于水深小于30m且海床较为坚硬的水域，在近海浅水水域尤为适用。单桩桩径根据负载的大小一般为3~6m甚至更大。

单桩基础与塔筒的连接方式有焊接连接、法兰螺栓连接及套管灌浆连接。套管灌浆连接应用最广泛，技术成熟。过渡段灌浆连接式单桩基础施工工艺较为简单，可以简述为三步：钢管桩及过渡段预制；钢管桩运输、沉放及打桩；过渡段安装及灌浆。

根据地质条件不同，单桩基础主要有两种打桩方法：达到指定地点后，将打桩锤安装在管状桩上打桩，直到桩基进入要求的海床深度；使用钻孔机在海床上钻孔，装入桩基后再用水泥浇筑。从结构上看，水深较浅且基岩埋深较浅是单桩基础最好的选择，因为通过相对较短的岩石槽可以抵住整个基础的倾覆载荷。若基岩埋深很深，则需要将桩基打入得很深才能抵抗风电机组载荷及环境载荷。从施工难度上看，对于坚硬岩石，尤其是花岗岩石，在海床上难以打桩，需要钻孔，增加成本，因此在黏土或砂土地基上打桩更为便捷。

由于单桩基础"自由段"较长，集体刚度较小，动力响应较大，因此易受地质和水深条件约束。另外，由于单桩基础对冲刷比较敏感，因此需要对桩周海床进行冲刷防护。

单桩基础由于桩径较大，需要大型打桩设备，因此在国内的发展曾一度受到制约。近年来，我国从国外引进大型打桩锤，打桩施工能力得以提高。目前，单桩基础已经成功在江苏如东等近海风电场获得广泛应用。

2. 三脚架基础

三脚架（三桩导管架）基础源于海上油气工程，具有质量轻、价格较低等优点。该基础的结构形式为：主筒体（单立柱）上部焊接三根斜撑，下部焊接三根水平撑，用于承受和传递来自上部塔筒的载荷，在底部三脚处各设一根钢桩固定基础，三桩导管打入海床一定深度，桩顶通过钢套管支撑上部塔筒，使三脚架和桩构成组合式基础，适用水深为 20~80m。三脚架基础目前多用于德国海上风电场。

3. 高三桩门架基础

类似三脚架基础，高三桩门架基础是将三根支撑桩打入海床底部，桩与上部风电机组塔筒用门式连接梁代替传统斜撑加横撑的形式。门式连接梁可分为两段，即靠近塔筒侧的水平渐变段和靠近套管侧的斜向渐变段。高三桩门架基础具有整体性好、刚度比较大、上部套管及下部连接为水上灌浆连接、施工条件方便等优点。对比三桩导管架基础结构，高三桩门架基础斜向渐变段制造较为复杂，桩径更大。

4. 其他单立柱多桩基础

随着单机容量与风电机组载荷的增大，三脚架基础由三桩导管架演变到五桩导管架、六桩导管架，承载能力大幅提高，刚度增大，桩径较三脚架基础小，适合水深超过30m的近海风电场。

4.1.2 重力式基础

顾名思义，重力式基础是依靠基础自重来抵抗风电机组载荷和环境载荷作用，可维持基础的抗倾覆性和抗滑移性。

重力式基础一般为钢筋混凝土结构，同时需要压舱材料，可根据当地情况选择较为经济的压舱材料，如砂、碎石、矿渣及混凝土等。重力式基础承载力小，结构和制造工艺简单，应用经验成熟，成本相对较低，是所有基础类型中体积最大、质量最大的基础，同时稳定性和可靠性也是所有基础类型中最好的，抗风暴、抗风浪的性能好，适用于天然地基较好、水深30m以内海域的风电场，不适合软土地基及冲刷海床海域。

重力式基础在施工前，要清楚海底表层淤泥质层，完成基槽挖泥后，应及时抛石并分层夯实，以消除或减小压缩沉降；回填时，注意各个方向应均匀，以免造成基础倾斜、隔舱壁开裂，最上面用碎石和土工布做一层过滤层，浇筑混凝土封舱，预埋塔筒连接杆件、法兰等。重力式基础一般采用气囊和卷扬机进行陆上运输，采用驳船、半潜驳和浮吊进行海上运输，也可利用自身的浮游能力并配备一定的气囊悬浮在水中,通过拖轮牵制到安装地点。

4.1.3 桁架式导管架基础

桁架式导管架基础是一种钢制锥台空间框(桁)架结构,因其几何特性,所以具有整体结构刚度大、质量轻等优势。桁架式导管架基础通常可设计成3桩、4桩。国外风电场一般以4桩导管架形式较多。

桁架式导管架基础在施工时,首先需要在陆上完成钢管骨架焊接工作,然后将其运输到指定安装地点,通过打桩作业固定,最后安装塔筒及风电机组等。

导管架支撑管有X形支撑、K形支撑及单斜式支撑等。竖向支撑管为双斜式空间钢管,根据基桩固定导管架的方式,可以分为主桩式固定导管架和在导管架底部四周均匀固定桩柱的裙桩式等。

4.1.4 多桩承台基础

多桩承台基础按照承台高度可分为高桩承台和低桩承台。

由于上部采用现浇混凝土承台,因此基础结构较为厚重,承台自身刚度较大。为加强基础下部刚度,承台以下钢管桩内部浇筑一定长度的混凝土,通过浇筑使多根基桩嵌入混凝土承台一定长度,从结构受力和控制水平变位角度考虑,基桩通常设计为斜桩。

1. 高桩承台基础

施工时,高桩承台基础打桩完成后,通过夹桩抱箍、支撑梁、封底钢板等辅助设施在桩顶或桩侧安装钢套箱模板。钢套箱可起挡水的作用。随着东海大桥、杭州湾大桥等跨海大桥的竣工,相关海上施工单位已经在海上墩台结构施工方面积累了丰富的经验,施工技术较为成熟。

高桩承台基础是海岸码头和桥墩常用的结构，由桩基和承台组成，目前尚未在国外海上风电机组基础中应用。国内首个海上风电场——上海东海大桥海上风电场和江苏响水试验风电机组采用了该基础结构。相对于低桩承台基础，高桩承台基础承台底高设置较高，承台施工基础不受波浪影响，基础重心较高。

2. 低桩承台基础

低桩承台基础因需要钢套箱而形成了无海水空腔环境，适用于潮间带海域及滩涂风电场的建设。低桩承台基础底层高程设置平均海平面附近，承台施工在一定程度上受潮位、波浪影响，基础重心较低，整体刚度大，防撞能力较好。对于潮间带及滩涂地区，由于海床在退潮之后会露出水面，可以形成陆地施工环境，因此较适合应用低桩承台基础。低桩承台基础已成功应用于江苏如东潮间带风电场。

4.1.5 桶式基础

桶式基础（负压桶式基础）分为单桶、三桶及多桶等，浅海、深海都可以应用。其中，浅海中的负压桶式基础实际上是传统桩基和重力式基础的结合；深海中的负压桶式基础作为张力腿浮体支撑的锚固系统，更能体现经济性优势。桶式基础目前主要应用于浅海海域。

桶式基础结构有倒置开口圆桶，可用钢制或钢筋混凝土预制，属短粗刚性桩，每个桶由一个中心立柱与钢制圆桶通过带有加强筋的剪切板相连，剪切板将中心立柱载荷分配到桶壁并传入基础。施工时，将陆上预制好的钢桶放置在水中并充气，漂运到指定安放地点，打开桶顶通气孔，使桶内气体排出，此时海水涌入，桶体下沉，下沉到海床或泥面后，从桶顶通气孔将气体和水等抽出，形成真空压力和桶内外压力差，利用这种负压效应，将桶体插入海床一定深度，达到固定的效果。

桶式基础作为一种新型的风电机组基础结构，主要优势有施工便捷，沉桶采用负压原理，不需要打桩设备和重型吊车等。与单桩基础相比，桶式基础刚度大，动力响应小，施工期无噪声，可漂浮运输，拆卸便利，只需平衡沉箱内外压力便可将沉箱轻松吊起。

运用桶式基础的主要限制条件：制作工艺复杂，较单桩基础工序多；对地形、地质的要求比较高，只能运用于软土地基，不适用于冲刷海床、岩性海床、可压缩的淤泥质及不能确保总是淹没基础的滩涂和潮间带；海上托运要求港口有一定水深。

总之，桶式基础的主要优势在于施工便捷，但因涉及负压沉贯原理，设计时考虑的因素较多，设计难度较大，因此投资波动较大。另外，在施工时，下沉过程中应防止倾斜，对负压沉贯的要求较高，由负压引起的桶内外水压差会引起土体渗流，虽然能大大降低下沉阻力，但过大的渗流将导致桶内土体产生渗流大变形，形成土塞，甚至有可能使桶内土体液化而发生流动等。桶式基础起步较晚，发展时间不长，虽在我国近海港口工程中应用广泛，但在海上风电机组基础中的应用还不够成熟，一些风险分析不全面，因此尚未全面应用，仍处于研究和试验阶段。

4.1.6 漂浮式基础

相比近海区域，深海区域的风能资源比近海区域更为丰富。在50m或更深的海域建设海上风电场时，若采用传统的固定桩基础或导管架基础，则成本很高，无法向更深的海域发展。伴随着海上平台技术的发展，漂浮式基础概念的提出为海上风电朝着深海发展提供了可能。

漂浮式基础包括张力腿（Tension Leg Platform，TLP）漂浮式基础、柱形浮筒（Spar Buoy）漂浮式基础、三浮箱（Trifloater）漂浮式基础及其他新型漂浮式基础等。

- 张力腿漂浮式基础主要通过系泊索的张力来固定和保持整个风电机组的稳定。
- 柱形浮筒漂浮式基础通过三根悬链线来固定整个风电机组，同时压载舱将整个系统的重心压至浮心之下，以保证风电机组在水中稳定。
- 三浮箱漂浮式基础主要依靠悬链线来固定整个风电基础，通过各个浮箱自身的重力和浮力达到平衡而保持稳定。

相对于固定式基础，漂浮式基础作为安装风电机组的平台，用锚泊系统锚定于海床，成本相对较低，运输方便，由于稳定性差，受海风、海浪和海流等环境影响很大，平台和锚泊系统的设计有一定难度，因此必须要有足够的浮力支撑风电机组，并且在可接受的限度内能够抑制倾斜、摇晃和法向移动，以保证风电机组的正常工作。

综上所述，尽管我国海上风电场建设起步相对较晚，但随着我国综合国力的增强，经济、科研实力的提高及政策扶植力度的加大，对海上风电场建设及其相关领域的研究将迎来突飞猛进的发展期，在借鉴国外设计、施工等方面的方法和经验的同时，结合我国国情，一定会探索出适合我国海上风电场环境条件、施工条件及科技实力相匹配的海上风电机组基础结构。

4.2 海上风电机组基础设计

4.2.1 动力学设计

将风电机组、支撑结构和地基基础各部分的有限元模型组合成能够进行一体化分析的动力学方程，当为线性模型时，动力学方程为[1]

$$M\ddot{u}(t)+C\dot{u}(t)+Ku(t)=F(t) \quad (4-1)$$

式中，M 表示整体质量矩阵；C 表示整体阻尼矩阵；K 表示整体刚度矩阵；$\ddot{u}(t)$ 表示在 t 时刻的加速度；$\dot{u}(t)$ 表示在 t 时刻的速度；$u(t)$ 表示在 t 时刻的位移。

当为非线性模型时，刚度矩阵非线性动力学方程为

$$M\ddot{u}(t)+C\dot{u}(t)+K[u(t)]u(t)=F(t) \quad (4-2)$$

式（4-1）和式（4-2）均为关于结构位移的二阶偏微分方程，需要结合初始条件和边界条件求解。

4.2.2 动力学方程数值解法

线性动力学方程的数值求解方法包括中央差分法、Wilson-θ 法和 Newmark-β 法等。

1. 中央差分法

若 t 时刻的系统状态 $u(t)$ 和 $\dot{u}(t)$ 已知，则系统在下一时刻 $t+\Delta t$ 的运动满足

$$M\ddot{u}(t+\Delta t)+C\dot{u}(t+\Delta t)+Ku(t+\Delta t)=F(t+\Delta t) \quad (4-3)$$

对于足够小的间隔 Δt，可写出以下 Taylor 展开式

$$\begin{cases} u(t+\Delta t)=u(t)+\Delta t\dot{u}(t)+\dfrac{\Delta t^2}{2}\ddot{u}(t)+\dfrac{\Delta t^3}{6}\dddot{u}(t)+\cdots \\ \dot{u}(t+\Delta t)=\dot{u}(t)+\Delta t\ddot{u}(t)+\dfrac{\Delta t^2}{2}\dddot{u}(t)+\cdots \\ \ddot{u}(t+\Delta t)=\ddot{u}(t)+\Delta t\dddot{u}(t)+\cdots \end{cases} \quad (4-4)$$

若忽略上述 Taylor 展开的高阶项，则加速度在 $[t,t+\Delta t]$ 内随时间线性变化。这隐含外激励线性变化的假设，需要使间隔 Δt 足够小来逼近真实外激励。式（4-4）包含 4 个未知向量，满足求解的必要条件，具体解法为

$$\ddot{u}(t) = \frac{6}{\Delta t^3}\left[u(t+\Delta t) - u(t) - \Delta t \dot{u}(t) - \frac{1}{2}\Delta t^2 \ddot{u}(t)\right] \quad (4\text{-}5)$$

$$\begin{cases} \dot{u}(t+\Delta t) = \dfrac{3}{\Delta t}u(t+\Delta t) - \boldsymbol{\alpha}_1(t) \\ \ddot{u}(t+\Delta t) = \dfrac{6}{\Delta t^2}u(t+\Delta t) - \boldsymbol{\alpha}_2(t) \end{cases} \quad (4\text{-}6)$$

式中，

$$\begin{cases} \boldsymbol{\alpha}_1(t) = \dfrac{3}{\Delta t}u(t) + 2\dot{u}(t) + \dfrac{\Delta t}{2}\ddot{u}(t) \\ \boldsymbol{\alpha}_2(t) = \dfrac{6}{\Delta t^2}u(t) + \dfrac{6}{\Delta t}\dot{u}(t) + 2\ddot{u}(t) \end{cases} \quad (4\text{-}7)$$

将式（4-7）代入（4-3），得

$$\left(\frac{6}{\Delta t^2}\boldsymbol{M} + \frac{3}{\Delta t}\boldsymbol{C} + \boldsymbol{K}\right)u(t+\Delta t) = \boldsymbol{F}(t+\Delta t) + \boldsymbol{M}\alpha_2(t) + \boldsymbol{C}\alpha_1(t) \quad (4\text{-}8)$$

由此解出

$$u(t+\Delta t) = \left(\frac{6}{\Delta t^2}\boldsymbol{M} + \frac{3}{\Delta t}\boldsymbol{C} + \boldsymbol{K}\right)^{-1}\left[\boldsymbol{F}(t+\Delta t) + \boldsymbol{M}\alpha_2(t) + \boldsymbol{C}\alpha_1(t)\right] \quad (4\text{-}9)$$

上述方法的一个突出问题是计算精度和计算时间的矛盾。为保证计算精度，时间步长 Δt 应取足够小，较小的 Δt 会增加递推步数，计算时间加长。此外，递推步数增加还会增加累积误差。因此，评价直接积分法的重要标准之一是允许使用最大积分步长。一种算法是如何在任意步长时都不会发散，称该算法是无条件稳定的。如果仅在一定步长范围内解才不发散，则称条件稳定。

2. Wilson-θ 法

该方法是基于对 $u(t+\Delta t)$ 所进行的另一种形式展开，若引入

$$\Delta\ddot{u}_s(t) = \ddot{u}(t+s) - \ddot{u}(t) \quad (4\text{-}10)$$

则有

$$\ddot{u}_s(t+\tau) = \ddot{u}(t) + \frac{\tau}{s}\Delta \ddot{u}_s(t) \quad (0 \leq \tau \leq s) \tag{4-11}$$

将 τ 进行一次和两次积分，令 $\tau = s = \theta\Delta t$，可得

$$\begin{cases} \dot{u}_s(t+s) = \dot{u}(t) + s\ddot{u}(t) + \dfrac{s}{2}\ddot{u}_s(t) \\ u(t+s) = u(t) + s\dot{u}(t) + \dfrac{s}{2}\ddot{u}(t) + \dfrac{s^2}{6}\Delta\ddot{u}_s(t) \end{cases} \tag{4-12}$$

$$\begin{cases} u_s(t+s) = \dot{u}(t) + \dfrac{s}{2}[\ddot{u}(t+s) + \ddot{u}(t)] \\ u(t+s) = u(t) + s\dot{u}(t) + \dfrac{s^2}{6}[\ddot{u}(t+s) + 2\ddot{u}(t)] \end{cases} \tag{4-13}$$

$$\begin{cases} \ddot{u}(t+s) = \dfrac{6}{s^2}[u(t+s) - u(t)] - \dfrac{6}{s}\dot{u}(t) - 2\ddot{u}(t) \\ \dot{u}(t+s) = \dfrac{3}{s}[u(t+s) - u(t)] - 2\dot{u}(t) - \dfrac{s}{2}\ddot{u}(t) \end{cases} \tag{4-14}$$

再写出系统在 $t+s$ 时刻的运动微分方程为

$$M\ddot{u}(t+s) + C\dot{u}(t+s) + Ku(t+s) = F(t+s) \tag{4-15}$$

在 $t+s$ 时刻系统位移应满足的线性代数方程为

$$\widetilde{K}(t)u(t+s) = g(t,t+s) \tag{4-16}$$

$$\widetilde{K} = \frac{6}{s^2}M + \frac{3}{s}C + K \tag{4-17}$$

$$g(t,t+s) = M\left[\frac{6}{s^2}u(t) + \frac{6}{s}\dot{u}(t) + 2\ddot{u}(t)\right] + C\left[\frac{3}{s}u(t) + 2\dot{u}(t) + \frac{s}{2}\ddot{u}(t)\right] + F(t+s) \tag{4-18}$$

采用线性外插，即

$$F(t+s) = F(t) + s[F(t+\Delta t) - F(t)] \tag{4-19}$$

最终可得到

$$\begin{cases} \ddot{u}(t,t+\Delta t) = \dfrac{6}{\theta^2 \Delta t^2}[u(t+s)-u(t)] - \dfrac{6}{\theta^2 \Delta t}\dot{u}(t) + \left(1-\dfrac{3}{\theta}\right)\ddot{u}(t) \\ \\ \dot{u}(t,t+\Delta t) = \dot{u}(t) + \dfrac{\Delta t}{2}[\ddot{u}(t+s)+\ddot{u}(t)] \\ \\ u(t,t+\Delta t) = u(t) + \Delta t\dot{u}(t) + \dfrac{\Delta t^3}{6}[\ddot{u}(t+s)+2\ddot{u}(t)] \end{cases} \quad (4\text{-}20)$$

若采用 Wilson-θ 法来求解式（4-1），则具体步骤如下。

① 根据初始条件分别形成整体矩阵 $\boldsymbol{K}$、$\boldsymbol{M}$ 和 $\boldsymbol{C}$。

② 给定初始时刻的位移、速度和加速度值 $\ddot{u}(0)$、$\dot{u}(0)$、$u(0)$。

③ 选取时间步长 Δt 和参数 δ，指定积分参数 $\theta=1.4$，计算积分常数 b_i。

$$b_0 \geqslant \dfrac{6}{(\theta \Delta t)^2}, b_1 \geqslant \dfrac{3}{\theta \Delta t}, b_2 = 2b_1$$

$$b_3 = \dfrac{\theta \Delta t}{2}, b_4 = \dfrac{b_0}{\theta}, b_5 = -\dfrac{b_2}{\theta}, \quad (4\text{-}21)$$

$$b_6 = 1-\dfrac{3}{\theta}, b_7 = \dfrac{\Delta t}{2}, b_8 = \dfrac{\Delta t^2}{6}$$

④ 形成有效刚度矩阵，即

$$\hat{\boldsymbol{K}} = \boldsymbol{K} + b_0 \boldsymbol{M} + b_1 \boldsymbol{C} \quad (4\text{-}22)$$

⑤ 对于每一时间步长（$t=0$、Δt、$2\Delta t$），有

$$\hat{\boldsymbol{K}}u(t+\theta\Delta t) = \boldsymbol{F}(t+\theta\Delta t) \quad (4\text{-}23)$$

求得 $t+\Delta t$ 时刻的位移、速度和加速度，即

$$u(t+\Delta t) = u(t) + \Delta t\dot{u}(t) + b_8[\ddot{u}(t+\theta\Delta t)+2\ddot{u}(t)] \quad (4\text{-}24)$$

$$\dot{u}(t+\Delta t) = \dot{u}(t) + b_7[\ddot{u}(t+\theta\Delta t)+\ddot{u}(t)] \quad (4\text{-}25)$$

$$\ddot{u}(t+\Delta t) = b_4[u(t+\theta\Delta t)-u(t)] + b_5\dot{u}(t) + b_6\ddot{u}(t) \quad (4\text{-}26)$$

3. Newmark-β 法

若采用 Newmark 积分法来求解式（4-1），则具体步骤如下。

① 根据初始条件分别形成整体矩阵 $\boldsymbol{K}$、$\boldsymbol{M}$ 和 $\boldsymbol{C}$。

② 给定初始时刻的位移、速度和加速度值，即 $\ddot{\boldsymbol{u}}(0)$、$\dot{\boldsymbol{u}}(0)$、$\boldsymbol{u}(0)$。

③ 选取时间步长 Δt 和参数 δ，计算参数 α 的值，定义常见的 Newmark 积分常数为

$$\delta \geqslant 0.50, \alpha \geqslant 0.25(0.50+\delta)^2,$$

$$c_0 = \frac{1}{\alpha \Delta t^2}, c_1 = \frac{\delta}{\alpha \Delta t}, c_2 = \frac{1}{\alpha \Delta t}, c_3 = \frac{1}{2\alpha} - 1, \qquad (4-27)$$

$$c_4 = \frac{\delta}{\alpha} - 1, c_5 = \frac{\Delta t}{2}\left(\frac{\delta}{\alpha} - 2\right), c_6 = \Delta t(1-\delta), c_7 = \delta \Delta t$$

④ 形成有效刚度矩阵 $\hat{\boldsymbol{K}}$，即

$$\hat{\boldsymbol{K}} = \boldsymbol{K} + c_0 \boldsymbol{M} + c_1 \boldsymbol{C} \qquad (4-28)$$

⑤ 对于每一时间步长（$t = 0$、Δt、$2\Delta t$），计算 $t+\Delta t$ 时刻的有效载荷，即

$$\hat{\boldsymbol{Q}}(t+\Delta t) = \boldsymbol{Q}(t+\Delta t) + \boldsymbol{M}(c_0 \boldsymbol{u}_t + c_2 \dot{\boldsymbol{u}}_t + c_3 \ddot{\boldsymbol{u}}_t) + \boldsymbol{C}(c_1 \boldsymbol{u}_t + c_4 \dot{\boldsymbol{u}}_t + c_5 \ddot{\boldsymbol{u}}_t) \qquad (4-29)$$

⑥ 对于每一时间步长（$t = 0$、Δt、$2\Delta t$），求解 $t+\Delta t$ 时刻的位移，即

$$\hat{\boldsymbol{K}} \boldsymbol{u}(t+\Delta t) = \hat{\boldsymbol{Q}}(t+\Delta t) \qquad (4-30)$$

⑦ 对于每一时间步长（$t = 0$、Δt、$2\Delta t$），计算 $t+\Delta t$ 时刻的速度和加速度，即

$$\begin{aligned} \ddot{\boldsymbol{u}}(t+\Delta t) &= c_0(\boldsymbol{u}(t+\Delta t) - \boldsymbol{u}(t)) - c_2 \dot{\boldsymbol{u}}(t) - c_3 \ddot{\boldsymbol{u}}(t) \\ \dot{\boldsymbol{u}}(t+\Delta t) &= \dot{\boldsymbol{u}}(t) + c_6 \ddot{\boldsymbol{u}}(t) + c_7 \ddot{\boldsymbol{u}}(t+\Delta t) \end{aligned} \qquad (4-31)$$

4.2.3 疲劳设计

1. 疲劳的基本概念

美国试验与材料协会（ASTM）将疲劳定义为在某点或某些点承受扰动应力，在足够多的循环扰动作用之后，形成裂纹或完全断裂的材料中所发生的局部的、永久结构变化的发展过程[2]。

最简单的循环载荷是恒幅循环应力载荷。正弦型恒幅循环应力如图 4-1 所示。显然，描述一个循环应力，至少需要两个量，如循环最大应力 S_{max} 和最小应力 S_{min}，是描述循环应力水平的基本量。

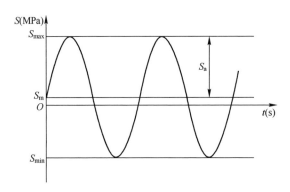

图 4-1　正弦型恒幅循环应力

在进行疲劳分析时，常用到下述参量，即应力变程（全幅）ΔS，定义为

$$\Delta S = S_{max} - S_{min} \tag{4-32}$$

应力幅（半幅）S_a 定义为

$$S_a = \Delta S/2 = (S_{max} - S_{min})/2 \tag{4-33}$$

平均应力 S_m 定义为

$$S_m = \Delta S/2 = (S_{max} + S_{min})/2 \tag{4-34}$$

应力比 R 定义为

$$R = S_{min}/S_{max} \tag{4-35}$$

其中，应力比 R 反映了不同的循环特征，如当 $S_{max} = -S_{min}$ 时，$R=-1$，为对称循环；当 $S_{min}=0$、$R=0$ 时，为脉冲循环；当 $S_{max}=S_{min}$ 时，$R=1$，$S_a=0$，为静载荷。在上述参量中，需要且只需要已知其中两个，即可确定循环应力水平。

2. 应力疲劳

按照作用的循环应力大小，疲劳可分为应力疲劳和应变疲劳。若最大循环应力远小于屈服应力，则称为应力疲劳。因为作用的循环应力水平较低，寿命循环次数较高（一般大于 10^4 次），故也称为高周疲劳。若最大循环应力大于屈服应力，则由于材料屈服后应变变化较大，应力变化相对较小，用应变作为疲劳控制参量更为恰当，故称为应变疲劳。因为应变疲劳作用的循环应力水平较高，故寿命较低，寿命循环次数一般小于 10^4 次。应变疲劳也称为低周疲劳。

3. S-N 曲线

S-N 曲线是材料疲劳性能作用应力 S 与破坏时寿命 N 之间的关系描述。在疲劳载荷作用下，最简单的载荷谱是恒幅循环应力载荷。描述循环应力水平需要两个量，即应力比 R 和应力幅 S_a。应力比给定了循环特性，应力幅是疲劳破坏的控制参量。

当 $R=-1$ 时，在对称恒幅循环应力载荷控制下，由实验给出的应力-寿命关系用 S_a-N 曲线表达，是材料的基本疲劳性能曲线。当 $R=-1$ 时，有 $S_a=S_{max}$，故基本应力-寿命曲线又称 S-N 曲线。应力 S 可以是 S_a，也可以是 S_{max}，两者数值相等。

疲劳破坏有裂纹萌生、稳定扩展和失稳扩展至断裂三个阶段。这里研究的是裂纹萌生阶段。因此，破坏可定义为：

- 标准小尺寸试件断裂，对于高强钢和中强钢等脆性材料，从裂纹萌生到扩展至小尺寸圆截面试件断裂的时间很短，对整个寿命的影响较小，考虑到裂纹萌生时尺寸小，观察困难，故这样定义是合理的。
- 出现可见小裂纹（如 1mm）或有 5%~15% 应变降。对于延性较好的材料，裂纹萌生后有相当长的一段扩展阶段，不应计入裂纹萌生阶段。观察小尺寸裂纹困难时，可以监测恒幅循环应力作用下的应变变化，当试件出现裂纹后，刚度改变，应变也随之变化，故可用应变变化量确定是否萌生了裂纹。

材料疲劳性能试验所用的标准试件,一般是小尺寸(直径为 3~10mm)光滑圆柱试件。材料的基本 S-N 曲线给出的是光滑材料在恒幅对称循环应力作用下的裂纹萌生寿命。

在给定应力比 R 下,为一组标准试件(通常为 7~10 件)施加不同的应力幅 S_a 进行疲劳试验,记录相应的寿命 N,即可得到 S-N 曲线。

4. 平均应力影响

反映材料疲劳性能的 S-N 曲线是在给定应力比 R 下得到的。当 $R=-1$ 时,对称循环时的 S-N 曲线是基本 S-N 曲线。

循环载荷中的拉伸部分增大,对于疲劳裂纹的萌生和扩展都是不利的,可使疲劳寿命降低。平均应力对 S-N 曲线的一般趋势为:当平均应力 $S_m=0$ ($R=-1$) 时,S-N 曲线是基本 S-N 曲线;当 $S_m>0$,即拉伸平均应力作用时,S-N 曲线下降,或者说在同样疲劳寿命下的疲劳强度降低,对疲劳有不利影响;当 $S_m<0$,即压缩平均应力作用时,S-N 曲线上移,表示在同样压力幅作用下的寿命增大,或者说在同样寿命下的疲劳强度提高,因此压缩平均应力对疲劳的影响是有利的。

5. Miner 线性积累损伤理论

若构件在某恒幅循环应力 S 作用下,循环至破坏的寿命为 N,则可定义在经受 n 次循环时的损伤为

$$D = n/N \tag{4-36}$$

显然,在恒幅循环应力 S 作用下,若 $n=0$,则 $D=0$,构件未受疲劳损伤;若 $n=N$,则 $D=1$,构件发生疲劳损伤。

构件在恒幅循环应力 S_i 作用下,经受 n_i 次循环的损伤为 $D_i=n_i/N_i$。若在 k 个恒幅循环应力 S_i 作用下,各经受 n_i 次循环,则定义总损伤为

$$D = \sum_1^k D_i = \sum n_i/D_i \tag{4-37}$$

破坏准则为

$$D = \sum n_i/N_i = 1 \qquad (4-38)$$

这就是最简单、最著名、使用最广泛的 Miner 线性累积损伤理论。其中，n_i 是在 S_i 作用下的循环次数，由载荷谱给出；N_i 是在 S_i 作用下循环到破坏时的寿命，由 $S-N$ 曲线确定。

如前所述，总损伤 $D=1$ 是 Miner 线性累积损伤的经验破坏准则。考虑谱序影响，实际上可为

$$D = \sum n_i/N_i = Q \qquad (4-39)$$

式中，Q 与载荷谱型、作用次序及材料的分散性有关。实际上，对于某具体构件，Q 的取值可以借鉴过去、类似构件的使用经验或试验数据确定，所估计的 Q 可以反映实际载荷次序等的影响。

6. 随机载荷谱与循环计数法

在恒幅载荷作用下，可直接利用 $S-N$ 曲线估算疲劳寿命。对于在变幅载荷谱下的寿命预测，借助 Miner 理论也可以解决。如果能将随机载荷谱等效转换为变幅或恒幅载荷谱，则可利用以前的方法分析疲劳问题。

（1）随机载荷谱及若干定义

随机载荷谱如图 4-2 所示，给出了载荷随时间任意变化的情况，也称为载荷-时间历程。随机载荷谱一般都是通过典型工况实测得到的。在讨论用计数法将随机载荷谱转换为变幅载荷谱之前，先介绍疲劳分析循环计数标准方法（ASTM E1049-85）的相关定义。

- 载荷表示力、应力、应变、位移、扭矩、加速度或其他有关的参数等。
- 反向点-载荷-时间历程曲线斜率改变符号之处：斜率由正变负的点，被称为峰；斜率由负变正的点，被称为谷。峰和谷均为反向点。在恒幅循环谱中，一个循环有 2 次反向。

- 变程是相邻峰、谷载荷值之差:从谷到后续峰值载荷间的变程,斜率为正时,称为正变程;从峰到后续谷值载荷间的变程,斜率为负时,称为负变程。

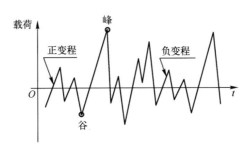

图 4-2　随机载荷谱

(2) 简化雨流计数法

将不规则、随机的载荷-时间历程转化为一系列循环的方法,被称为循环计数法 (Cycle Counting Method)。计数法有很多种。本节只讨论简单、适用,且变幅循环载荷下的应力-应变响应一致的简化雨流计数法 (Rain-flow Counting)。

简化雨流计数法适用于以典型载荷谱段为基础的重复历程。既然载荷是某典型段的重复,则取最大峰或谷处的起止段作为典型段将不失其一般性,如图 4-3 所示。

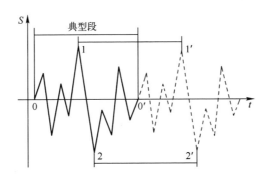

图 4-3　简化雨流计数法典型段的选取

简化雨流计数法的执行流程如下。

第一步：在随机载荷谱中选取适合简化雨流计数法的最大峰或谷起止的典型段作为计数典型段。简化雨流计数法过程如图4-4所示。图4-3中，1-1'为最大峰起止，2-2'为最大谷起止。

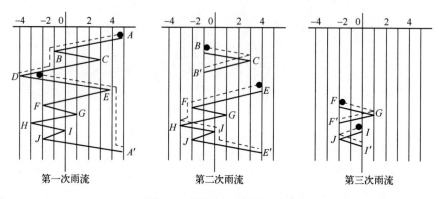

图4-4 简化雨流计数法过程

第二步：将历程曲线旋转90°，并将其看作多层屋顶，假想有雨滴沿最大峰或谷开始往下流，若无屋顶阻挡，则雨滴反向，继续流至端点。图4-4中，雨滴从A处开始，沿AB流动，至B点后落至CD屋面，继续留至D处，因再无屋顶阻挡，雨滴反向沿DE流动到E处，下落至屋面JA'，至A'处流动结束，路径为ABDEA'。

第三步：记下雨滴留下的最大峰、谷值作为一个循环。图4-4中，第一次流经路径给出的循环为ADA'，循环参量有载荷变程和平均载荷，如ADA'循环的载荷变程 $\Delta S = 5-(-4) = 9$，平均载荷 $S_m = (5-4)/2 = 0.5$。

第四步：从历程中删除雨滴流过的部分，对各剩余历程段重复上述雨流计数，直至再无剩余历程。第二次雨流得到BCB'和EHE'循环。第三次雨流得到FGF'和IJI'循环。计数完毕。

雨流计数结果见表4-1。表4-1给出了循环及循环参数。载荷如果是应力，则表4-1中给出的变程是 ΔS，应力幅 $S_a = \Delta S/2$，平均应力 S_m 即表中的均值。雨流计数是两个参数计数。有了上述两个参数，循环就完全确定了。与其他计数法相比，简化雨流计数法的另一优点是计算结果均为全循环。典型段计数后，其后的重复，只需考虑重复次数即可。

表 4-1　雨流计数结果

循　环	变　程	均　值
ADA'	9	0.5
BCB'	4	1
EHE'	7	0.5
FGF'	3	−0.5
IJI'	2	−1

4.3　基础防护设计

4.3.1　基础防撞设施

1. 防撞设计概述

由于海上风电场不可避免地与航道、渔场毗邻甚至相互穿插，因此风电机组存在与相关船舶撞击的风险，一旦超过防撞标准的船舶撞击风电机组基础，将会对风电机组基础造成严重破坏。基于此，需要对海上风电机组进行防撞设计，以保证风电机组在施工期和使用期内，防撞设施能对基础结构和船舶都有很好的保护，使防撞设施损害小、易修复。

在考虑船舶撞击影响的同时，还应考虑漂浮物对海上风电机组的影响，结冰海区基础结构必须采取防御海冰撞击的特殊设计。

风电场范围较大，每座基础间距为 500~1000m，最容易受撞击的位置为风电场边缘的风电机组。如果每座基础均按较高标准防撞设计，则工程造价将非常大，因此大多数情况只能对类似桥梁的非通航孔进行防撞设计。

2. 风电机组基础防撞设计标准

防撞设计标准的确定应从发生碰撞的概率和船舶撞击力两方面考虑。

风电机组基础遭遇船舶撞击是随机事件，可对其进行风险分析。分析在一定的撞击标准下，风电机组基础在船舶撞击下的期望损失，与对应防护成本分析比较，得到比较合理的平衡点，以该点作为设计防撞标准。防撞标准确定后，就可据此计算风电机组基础撞击力，进而进行风电机组基础防撞设计。

（1）船舶撞击风电机组基础的概率分析

船舶向风电场侧的偏航概率为 P_{Ai}。确定船舶偏航概率需要收集以下资料：①风电场附近的航运事故情况，即船舶碰撞、船撞航标、船撞灯塔及船撞击其他海上建筑物等数据；②通航调查，调查附近航道各航线及各航线的通航船舶尺度、吨位、频次、数量、船舶交通管理水平等；③附近航道的通航规划，且应考虑日后的通航规划。船舶偏航概率可以定义为该类型船舶偏航次数与通过频率的比值。船舶偏航概率只需要研究风场位于航道处流向下游（海流流向风电场）时的偏航情况。

风电场各种预警措施失效致使船舶穿过风电场安全距离进入风电场的概率为 P_{Ii}。风电场自身预警措施失效或船舶对警示未做出有效反应时，偏航后的船舶才会穿过安全距离进入风电场。其概率应通过对风电场预警措施的可靠性和有效性进行评估确定。

船舶进入风电场撞击风电机组基础的概率为 P_{Ci}。该概率是船舶进入风电场并且漂浮路径刚好经过风电机组基础的概率，是几何概率，与风电场布置情况和船舶类别有关。当船舶从风电场边界进入风电场内部服从均匀分布时，可以将船舶漂浮面经过风电机组基础的总面积占风电场总面积的比值，作为船舶进入风电场撞击风电机组基础的概率。

上述这些事件是相互独立的，可用这些事件概率的乘积作为某类船舶撞

击风电机组基础的概率 P，即

$$P = P_{Ai} P_{Ii} P_{Ci} \quad (4-40)$$

航道距离风电场有一定的安全距离，风电场又设有预警系统。可控状态的船舶偏航后，通过及时预警可以返回航线。失控状态的船舶偏航后处于漂浮状态，可取水流速度作为计算撞击力的船舶速度，根据一定的船舶撞击力模型（相关规范的方法）或有限元数值分析可以确定对应一定船舶撞击标准的船舶撞击力及发生概率。

（2）船舶撞击力的计算方法

船舶撞击力的计算方法有 3 种：动量公式（如公路桥规的公式）、动能公式（如铁路桥规的公式）和振动公式。借鉴港工经验，这里列出能考虑防冲设备和支撑结构能量分配的动能理论，供计算风电机组基础船舶撞击力时参考。

船舶靠岸时的有效撞击能量为

$$E_0 = \frac{\rho}{2} M v_n^2 \quad (4-41)$$

护舷和支撑结构会由于船舶的撞击而变形，变形能与有效撞击能相等，即

$$H = k_1 y_1 = k_2 y_2 \quad (4-42)$$

$$\frac{1}{2} k_1 y_1^2 + \frac{1}{2} k_2 y_2^2 = E_0 \quad (4-43)$$

式中，k_1、k_2 为支撑结构与护舷的弹性系数（kN/m）；y_1、y_2 为支撑结构、弧线结构的变形（m）；E_0 为船舶变形后，被支撑结构和护舷吸收的能量（kN·m）；H 为船舶的撞击力（kN）；ρ 为有效动能系数，取 0.7~0.8；M 为船舶质量（t），按满载排水量计算；v_n 为船舶撞击时的法向速度（m/s）。

设计时，可以根据设防目标的船舶标准，确定船舶吨位和撞击速度。先假定桩的弹性系数，同时根据防撞设备的弹性系数（一般由防撞设备厂家提

供）计算出支撑结构的变形量，进而得到根据位移计算的支撑结构的弹性系数，与开始假设的弹性系数对比，进行迭代计算，直到两者达到误差范围。根据迭代得到的弹性系数和变形量可以计算支撑结构上的作用力。

3. 常见的防撞设施设计

防撞设施按照与基础结构的关系可以分为分离式和附着式。

(1) 分离式防护系统

- 体系泊防护系统：由浮体、钢丝绳、锚定物组成。浮体移动、钢丝绳变形、锚定物在碰撞力作用下移动等都可吸收大量能量，对碰撞船舶也有很好的保护作用。该系统占用水域大，建造复杂，一般仅适用含有球首的较大型船舶。

- 群桩墩式防护系统：采用独立的钢管桩基础防撞墩，基桩由承受压力的斜桩和承受拉力的竖直桩组成。群桩墩式结构刚度大，一旦发生碰撞事故，船舶的损伤比较大，因而该防护系统仅适用于碰撞概率较低，且采用其他防护措施不够经济时采用。

- 单排桩防护系统：采用间隔布置的钢管桩作为防撞设施。钢管桩采用锚链或水平钢管相连，计算防撞能力时不考虑桩间刚度，即按单桩计算防撞能力。单排桩防护系统仅能抵抗小型船舶的撞击，对于中大型的船舶仅起到警示和缓冲作用。

(2) 附着式防护系统

当撞击能量相对较小，基础结构的抵抗水平能力较大，或受地质条件限制，不易进行分离式独立防撞系统时，可采用附着式防护系统，即利用基础结构本身作为支承结构，不必单独进行基础处理工作。

附着式防护系统设计的主要内容是设计缓冲装置。缓冲装置主要采用钢质套箱和加装防撞橡胶护舷两种形式，对基础结构和船舶都有很好的保护，在桥梁工程中得到较多应用。

以上结构从抵抗船舶防撞能量来说也可分为两类：一类是完全能抵抗船舶撞击能量，如人工岛防护系统、薄壳筑沙围堰防护系统、浮体系泊防护系统、群桩墩式防护系统等；另一类作为结构消能部分吸收撞击能量，减小结构撞击力，如单排桩防护系统和附着式防护系统。

4.3.2 防冲刷防护处理措施

海上风电机组基础建设完成后，由于存在对表层土的扰动和永久障碍物，因此由潮流和波浪引起水体粒子的运动会受到显著影响：首先，在基础前方会形成一个马蹄形的涡；其次，在基础背流处会形成涡流（卡门涡街）；再次，基础两侧的流线会收缩。这种局部流态的改变，会增加水流对底床的剪切应力，导致水流挟沙能力提高。如果底床易受侵蚀，那么基础的局部会形成冲刷坑，从而影响基础的稳定性。

根据势流理论，绕圆柱流动所引起的局部流速，会增大将近 1 倍，即局部速度总体放大为原流速的 2 倍。根据泥沙挟沙力原理，泥沙挟沙力与流速的 3 次方成正比，由此可知，理论上分析基础的局部挟沙力约为原来的 8 倍。

下面将列举在欧洲海上风电中应用较广泛的 DNV（挪威船级社）公式。DNV 海上风电设计规范建议的经验公式（波浪/潮流作用下）为

$$\frac{S}{D} = 1.3\{1 - \exp[-0.03(KC - 6)]\}, KC \geqslant 6 \quad (4-44)$$

式中，S 为冲刷深度（m）；D 为竖直墩柱的直径（m）。

$$KC = \frac{u_{\max} T}{D} \quad (4-45)$$

式中，$u_{\max}$ 为近海床底部的水流最大速度（m/s）；T 为波浪/潮流的周期。

冲刷坑半径可估算为

$$\gamma = \frac{D}{2} + \frac{S}{\tan\varphi} \tag{4-46}$$

式中，φ 为海床底泥沙的休止角。

根据相关参考文献，在简单估算时，可按 $1.3D \sim 2.0D$ 估算最大冲刷深度。考虑到目前国内已建海上风电场较为有限，类似可供参考的工程经验也有限，不同区域海洋水动力环境具有一定的不确定性，若想获取相对准确的冲刷情况，建议开展物理力学模型试验或三维潮流泥沙及冲淤分析数值模拟，按相关比例关系模拟拟建工程的结构、海床、海洋水文特性进行水槽试验，以得到局部冲刷状况，并在建成风电场后，进行定期巡视与测量，了解风电机组基础周边的冲刷情况，做好记录，便于对理论成果进行反馈、修正。

1. 抛石防冲刷防护

为防止桩周局部被冲刷，较为简易的方法是沿桩体周围的一定范围内进行抛石加固处理。目前抛石防冲刷计算比较合理的方法较少，本书主要借鉴海堤设计时，在水流作用下，防护工程的护坡、护脚块石的计算公式，以估算抛石的粒径，即

$$d = \frac{V^2}{C^2 2g \frac{\gamma_s - \gamma}{\gamma}} \tag{4-47}$$

式中，d 为折算直径，对不规则体型的抛石按球形计算（m）；V 为桩周水流的流速，建议按由桩基引起局部流速增大 2 倍考虑（m/s）；γ_s 为抛石的重度（kN/m³）；γ 为水的重度（kN/m³），海水可按 10kN/m³ 计算；C 为抛石运动的稳定系数，一般取 0.9；g 为重力加速度，取 9.81m/s²。

抛石后，可改善桩周的土体状况，冲刷范围的理论计算，应适当考虑因抛石造成的土体改善，抛石防护范围可比理论计算范围适当减小。

2. 土工袋充填物防护

将土工袋（土工织物编织袋、土工膜袋等）充填混凝土块、石块、砂、

土等不同充填物后，作为码头、坡堤或近岸工程防冲刷防护的应用历史悠久，整体性好，施工方便，柔性大，适应变形能力强。

采用土工袋防护时，先根据基础周围的局部冲刷分析确定应防护的范围，对土工袋单体需计算抗浮、抗冲刷及抗掀动稳定性。一般可进行设计成 0.6~2.0m 的单个土工袋抛填，也可设计成大体积土工膜袋充填充填物抛填。

对于单个土工袋抛填，在施工前，应对由水流造成的抛投体落距进行相应的工艺性试验。在目前的一些项目中，根据抛填工艺性试验得到了一些落距计算经验公式，主要与水流流速、水深、抛填单体质量、密度等相关。

对海上风电机组基础，土工袋充填物的选择应考虑经济性、当地材料、施工方便。在防护范围内的不同区域，可以考虑不同的充填物，靠近桩周区域，土工袋单体可大，充填物密度也应大一些；在离桩周较远的区域，土工袋单体可小一些，但应满足稳定性要求，充填物尽可能以砂、土为主，使土工袋与床之间有较为顺利的过渡，如将苏通大桥主塔墩的防护范围划分为核心区、永久防护区、护坦区，土工袋尺寸分别为 2.0m 袋装砂、1.0m 袋装砂等。

无论大体积或单体小型土工袋，也无论土工织物编织袋或土工膜袋，土工袋本身的性能均要求比较高。目前国内也无成熟的规范对防冲刷防护土工袋进行相应规定，只能根据对较为成熟的土工袋性能方面的调研，选取土工袋时，应调查其抗拉强度、接缝抗拉强度、延伸率、渗透性、CBR（承载比）顶破强力、动态落锥破裂试验、抗磨损性、抗紫外线能力（对于近海风电机组基础可不予考虑）等。

3. 预留冲刷深度

在海洋工程领域，一般通过预留一定的冲刷深度开展结构设计，从结构上解决冲刷问题。其原因主要是海洋工程桩基一般入土较深，基础整体刚度受冲刷影响相对较小，相当于以增加一定的钢材量换取基础受冲刷的影响。

对于桩基三脚架基础、高桩承台基础等，其各桩基的距离较远，相互影响有限，计算时仅需估算单根桩基的局部冲刷，因其直径相对较小，冲刷深度有限，通过预留冲刷深度是最好的解决方案。

设计时，根据计算或物理模型试验获取最大冲刷深度，也可考虑增加一定深度作为安全余量，按设计最大冲刷线进行整体建模计算，使结构的强度、变形、稳定性、频率等各方面均满足要求。

除了以上几种常见防冲刷措施，还有水下混凝土护底、混凝土预制块（类似抛石机理）、钢筋笼或土工格栅笼装石块、防护，以及部分科研单位正在研究并试点的仿生系统防冲刷，通过设置仿生水草、藻类等减低水流速度，促进淤积等。

4.4 本章小结

本章介绍了海上风电机组的基础结构，描述了各自的特点，提出了基础设计的动力学设计数值解法和疲劳设计方法，针对基础防护设计阐释了基础防撞措施和防冲刷设计。

参考文献

[1] 胡海岩. 机械振动基础 [M]. 北京：北京航空航天大学出版社，2005.

[2] 陈传尧. 疲劳与断裂（第一版）[M]. 武汉：华中科技大学出版社，2001.

第 5 章 海上风电机组施工技术

5.1 海上风电机组基础结构施工

由于海上风电场的环境、地质条件、风电机组容量及施工安装资源情况复杂多变，海上风电机组基础结构各式各样，因此目前海上风电机组基础结构施工主要分为单桩基础施工、多桩基础施工、多桩承台基础施工[1-3]、导管架式基础施工、重力式基础施工、浮式基础施工及桶式基础施工。DNV 标准规范推荐的不同类型基础适用的水深见表 5-1。各类基础的结构特点不同，适用的水深不同，施工技术方案就会因基础结构、施工装备、作业环境等不同而不同。本章将通过实例着重介绍目前国内外海上风电机组基础主要施工方案。

表 5-1　DNV 标准规范推荐的不同类型基础适用的水深

基 础 结 构	水深（m）
重力式基础	0~10
桶形单立柱基础	0~25
单立柱结构（单桩、三桩）基础	0~30
三脚/四脚导管架式基础	>20
浮式基础	>50

根据 DNV-GL 对海上风电场建设成本的经济性分析结果，海上风电场基础施工费用占风电场建设总投资成本约 6%。不同基础结构的施工成本差别很

大，在设计基础时应充分考虑施工工艺和难度。如何选用最适合风电场条件的基础结构，如何利用现有施工装备条件实现基础结构施工成本最低、效率最优，一直是行业内探讨及努力的目标之一。

5.1.1 单桩基础施工

单桩基础即单根钢管桩基础（Monopile），其结构特点是自重轻、构造简单、受力明确。单桩基础的桩直径较大，桩壁较厚，被打入（打桩锤）或钻入（或两者皆用）海床。目前海上风电项目中使用的单桩基础的桩直径通常为4~6m，最大可达约8m。直径大小主要受施工设备（打桩锤、吊机）的能力限制。目前中国海上风电场单桩基础施工主要使用液压锤打桩，现有设备中最大的液压锤为IHCS2000、MenckS1900等，施工安装的基础顶法兰直径达5.5m。对于更大直径的基础打桩作业，则需要制作配套的替打环套在基础顶法兰上。一般情况下，单桩基础入泥深度为18~50m。单根钢管桩的厚度和入泥深度取决于基础设计载荷、机位点土壤条件、水深、周围环境及设计标准。单桩基础的海上风力发电机组如图5-1所示。

图5-1 单桩基础的海上风力发电机组

为了保证风电机组能够安全稳定运行,对单桩基础的水平度要求非常严格,行业内广泛使用的标准为水平度不得大于2‰。国外海上风电场中广泛使用的过渡段(Transition Pieces),主要用于调节与塔筒连接的顶法兰,以达到必要的水平度。在国内已建设的海上风电场中,新型的无过渡段的单桩基础被研发成功并广泛使用,水平度可达0.2‰,远低于基础顶法兰水平度要求。此种基础结构省去了过渡段的高强灌浆过程,极大地节省了基础结构的安装时间和成本,可达到1天/台的基础安装效率。但此种基础结构的应用目前主要集中在潮间带海域,未来在近海及风浪条件更恶劣海域的应用结果还需批量验证。

从业内经验来看,单桩基础多用于水深在20m以内的海上风电场,欧洲也有在40m水深中应用单桩基础的案例。由于单桩基础的桩和塔架都是管状的,因此在现场连接非常便捷,直接使用法兰螺栓连接即可。国外为了保证基础结构的水平度,一般使用过渡段。国内几乎不使用过渡段,为了保证基础结构的水平度,摸索出一些适合国情的工艺设备。图5-2为国内某海上风电场的单桩基础。

图5-2 国内某海上风电场的单桩基础

1. 单桩基础施工流程

下面将具体介绍单桩基础（带过渡段的单桩基础）的主要施工流程。

（1）码头上单桩基础的倒运及移动

单桩基础体积和质量都较大，从码头堆场到指定倒运位置需要使用大型运输装备，如图5-3所示，在单桩码头倒运移动时，一般主要使用重型平板轴线车或码头大型龙门吊。

图5-3 单桩基础陆上运输

（2）码头装船

根据码头设备条件，单桩基础码头装船可有多种方案。

① 使用岸上重型吊机进行基础装船，如图5-4所示，多在无吊机的大型运输驳船运输时使用，需注意以下几点：

- 码头吊机的可作业范围；
- 吊机所在码头周围的承重能力；
- 注意吊装过程中单桩与船舶以及船舶上层结构物的碰撞风险；
- 根据船舷周边结构高度选择合适的吊机吊高能力；
- 注意船舶由于潮位变化而升高和下沉运动。

图 5-4 岸上重型吊机进行基础装船

② 在带吊机的大型运输船或自升式安装船运输单桩时，使用安装船上的大型吊机装船。此时由于吊机的存在，因此船舶上可利用的甲板面积一般比专用大型驳船小，可装载单桩数量少，但此种方式对码头吊机及码头承载能力的要求会相对较低。

③ 使用自带的动力式运输模块（self-propelled modular transporters）：

- 可用于大型驳船运输方式的装船；
- 可直接实现从堆场到驳船甲板的运输；
- 需要在码头和驳船之间搭建运输经过的桥板；
- 对潮位变化非常敏感，较适合内港码头装船；
- 装船过程中必须严格把控安全。

(3) 单桩海上运输

单桩海上运输方式一般可分为三种：运输船运输、安装船运输（见图 5-5）、浮拖法（见图 5-6）。

(4) 基础翻身及沉桩

在单桩基础翻身时需要使用两个船上的起重机分别吊起单桩的上下端，

图 5-5　安装船运输

图 5-6　浮拖法

吊住单桩的起重机先缓慢上升，使单桩离开甲板 1m 左右后，勾住单桩下端的起重机不再上升，勾住单桩上端的起重机继续缓慢上升，接近垂直时，勾住单桩下端的起重机移开，转换为仅由上方起重机进行单桩整体吊装。起重机吊住单桩缓慢移向已经定好的打桩位置，由抱桩器抱住单桩，利用单桩自身重力下沉，并利用抱桩器上的传感器和检测设备校对垂直度，如图 5-7 所示。

单桩翻身定位时,主要利用起重机吊住单桩外壁上焊接的吊耳进行翻身和移动,如图 5-8 所示。

图 5-7 抱桩器

图 5-8 单桩翻身定位

使用筒壁吊耳吊装时,由于基础质量较大,因此需要在筒壁上焊接较大的吊耳。在基础打桩时,此焊缝可能会对基础结构造成影响。因此,现在已有很多项目使用专业的单桩基础翻身吊具(见图 5-9)或船上的专用单桩基础翻身支架(见图 5-10)来翻身定位单桩基础。

(5)打桩作业

完成基础定位沉桩后,将单桩基础留放在打桩机位点,起重机卸掉吊具/吊梁后,吊起打桩锤放置在单桩顶部进行打桩。打桩若干次后,需要停下来校对垂直度,直到将单桩打到要求的深度。

从施工方法来看,目前单桩基础施工方案主要分为液压锤(振动锤)打桩和钻孔打桩两种。液压锤打桩的方式是目前应用最广泛的,施工效率高、

图 5-9　专业单桩基础翻身吊具

图 5-10　船上专用单桩基础翻身支架

成本低，施工技术要求比钻孔施工低，缺点是存在施工噪声，可能对周围的海洋生物造成影响，因此施工前需仔细进行环境评估，必要时要采用特殊的消声设备来降低噪声。沿海地区某项目就曾因为打桩过程可能会对当地白海豚造成影响而导致停工。

　　将单桩运输、翻身并下沉至机位点后，使用打桩锤对单桩施工，一般使用液压锤或振动锤。液压锤、振动锤分别如图 5-11 和图 5-12 所示。

图 5-11 液压锤

图 5-12 振动锤

使用钻孔机在海床钻孔，装入单桩后，再用混凝土浇筑，即为钻孔打桩。此种方案多用于较硬的岩石海床。

(6) 过渡段安装

卸下起重机上的打桩锤后，吊起过渡段缓慢移向已打好的单桩，将过渡段套在单桩外面并下放到设计位置，校对垂直度后，保持不动，使用灌浆设备灌入高强度混凝土，连接过渡段与单桩。待高强度混凝土养护约1周，达到规定强度后，方可松开起重机。

(7) 抛石保护

对于单桩基础，由于桩径加大，桩周海床存在冲刷风险，因此待基础安装完成后，需要使用专门的抛石船对单桩基础周围进行抛石保护，抛石范围与桩径、海床条件有关。由于海缆需要从基础底部的海缆管进入风电机组，因此抛石保护一般应在完成海缆接入施工后进行。

2. 单桩基础施工的优缺点

(1) 优点

- 基本不需要施工准备，不需要整理海床。

- 制造成本低，运输方便，施工工艺简单，在浅水域（水深小于20m）开发中应用最为广泛。

(2) 缺点

- 由于结构特点，因此需要在安装完成后进行防冲刷保护。

- 受施工装备限制，不太适用于较深水域的大型海上风电机组（5MW、6MW级）。

- 不适合在海床内有巨石的位置施工。

单桩基础是目前国内外海上风电场项目中应用最广泛的基础结构。金风科技股份有限公司2.5MW风电机组潮间带如东项目风电场采用的就是单桩基础。

5.1.2 多桩基础施工

多桩基础是指由三个及其以上的单桩基础主体组成的一种海上风电机组

基础结构，常见的为三桩、五桩或六桩基础，在已建风电场中以三桩基础（见图5-13）结构居多。在三桩基础中，中心单桩用来支撑风电机组，与单桩基础结构类似，周围的三脚为中心单桩提供支撑。单桩与三桩基础通过高强度灌浆材料连接。多桩基础是在单桩基础上设计的，增强了周围单桩的刚度和强度，适用水深与单桩基础类似，但由于多桩基础使用的是直径较小的单桩，因此对打桩设备和施工的要求比单桩基础低。

图5-13 三桩基础海上风电机组

多桩基础设计基本原理：将多根中等直径的钢管桩定位在海底，即埋置在海床下10~20m的地方，多根钢管桩均匀布设，桩顶通过高强度灌浆材料与多桩基础桩套连接，构成组合式基础。多桩基础结构为预制焊接构件，由于连接点较多且形状复杂，因此一般只能通过人工焊接，制造成本和难度较高，中部基础主体结构与上部塔架连接承担荷载，并将荷载传递给周围的多根钢管桩，钢管桩直径一般为2~3m。

多桩基础安装施工方式主要分如下两种。

(1) 先打桩，后安装基础

- 完成多桩基础的小桩打桩作业，打桩工艺和单桩基础相同，但由于桩径远小于单桩，因此打桩难度和设备要求相对较低，更容易实现。使用此种方案时，小桩定位一般通过一个临时的钢质定位框架来实现。在每个小桩打入之前，先把定位框架放到海床上，实现每根小桩的定位后，再把每根小桩分别打入定位孔。
- 吊装多桩基础，通过定位桩将多桩基础慢慢安装在群桩上。
- 当桩套（桩靴）进入已打好的桩并到达限位后，基础就固定不动了，有时多桩基础直接落在海床上，由海床承受主要重力。
- 完全焊接封堵桩套的上、下端，灌入高强度混凝土，经过一段时间冷却并凝固后，完成多桩基础与桩套之间的连接，在此期间起重机保持不动，直至完成，除非多桩基础直接落在海床上，由海床承受主要重力。

(2) 先吊基础，后打桩

- 通过定位先把多桩基础吊到设计的机位点位置，使多桩基础直接落在海床上，由海床承受重力。
- 通过定位将群桩打入桩套内，打桩工艺与单桩基础相同。
- 将群桩打到设计深度后，完全焊接封堵桩套的上、下端，灌入高强度混凝土，桩套上部一般会使用临时或永久焊接的稳桩器协助，保证在灌浆过程中桩套保持中心位置，经过一段时间，待高强度混凝土冷却并凝固后，即完成多桩基础与桩套的连接。

多桩基础在欧洲作为单桩基础到导管架基础的一种过渡形式被应用，但由于制造成本没有优势，因此在欧洲已很少使用了。在中国，由于江苏一带的特殊地质条件，多桩基础在大功率的海上风电机组项目中得到了较多应用，如东潮间带示范风场中的 4MW、5MW、6MW 风电机组及金风科技如东潮间带 2.5MW 试验机组均采用了此种基础结构。

德国首个海上风能发电场——阿尔法文图斯首批海上风电机组中的 6 台（Multibrid 公司）采用的三脚架式基础如图 5-14 所示。

图 5-14　德国海上风能发电场

多桩基础具有以下优点：

- 整个结构稳定性较好，相对单桩基础抗弯能力强；
- 海上风电机组基础设计借鉴了海上石油平台设计的经验；
- 适用水深 15~30m，基础水平度控制由浮坞等海上固定平台完成；
- 因钢柱嵌入深度与海床地质条件有关，所以三脚架结构基础通常不适用于海床内有大面积岩石的位置。

5.1.3　多桩承台基础施工

多桩承台基础也称群桩式高桩承台基础，常见于海上桥梁支撑结构。多桩承台基础施工要求见表 5-2。

表 5-2　多桩承台基础施工要求

施 工 描 述	施 工 要 求
基础施工过程	(1) 安装桩基（打桩） (2) 安放钢套箱，浇筑混凝土垫层 (3) 由抛石组成防冲刷保护层

东海大桥海上风电场如图 5-15 所示。

图 5-15　东海大桥海上风电场

群桩式高桩承台基础一般采用多钢管桩，承台使用钢筋混凝土结构，为了抵抗侧向力，钢管桩需倾斜一定角度。基础施工完毕，需在海底铺设一定厚度的防冲刷材料。

1. 多桩承台基础施工工艺

- 将桩下沉、定位、打桩。打桩施工工艺与单桩基础施工工艺大致相同。

- 打完群桩后，先把群桩表面切平，在群桩上端搭建钢筋笼，将桩头包裹进去。

- 用钢套箱将搭建好的钢筋笼包住，安装封孔板，浇筑混凝土（见图 5-16）。

图 5-16　多桩承台基础混凝土浇筑

- 当混凝土达到设计强度，沉桩完成后，采用钢套箱工艺，安装封孔板并浇筑封底混凝土；在封底混凝土强度达到设计强度后，封堵通水孔，采用气举法清除桩内泥沙并浇筑桩芯混凝土，桩芯顶部的 2~3m 需振捣密实。
- 将风电机组塔筒过渡段支撑座安放在封底混凝土上，焊接固定支撑座和钢管桩后，吊装塔筒过渡段。
- 安装过渡段后，将承台钢筋一次绑扎成型，并再次浇筑承台混凝土。
- 待承台混凝土强度达到设计要求并养护完后，整体拆除钢管箱。钢管箱可重复利用。

2. 多桩承台基础的优缺点

（1）优点

- 钢管桩一般倾斜一定角度，可以抵抗侧向力。
- 钢管桩直径小，制作运输较为方便。
- 施工工艺难度较单桩基础小。
- 施工工艺比较成熟。

(2）缺点

- 桩基相对较长，总体结构偏于厚重。
- 适用水深5~20m。
- 由于波浪对承台产生顶推力，因此桩与承台之间的连接需要加固。

5.1.4 导管架式基础施工

导管架式基础是一个开放式钢桁架，由一系列管状构件焊接而成，能从海底延伸至水面，桩从导管架的每条腿打入海底。中广核阳江南鹏岛海上风电机组采用的便是此种基础，如图5-17所示。

图5-17　中广核阳江南鹏岛海上风电机组基础

1. 导管架式基础安装施工方式

导管架式基础安装施工方式分为两种。

（1）先打桩，后吊基础

操作步骤如下：

- 打几个小桩，打桩工艺与单桩基础相同；
- 吊装导管架，通过定位桩将导管架慢慢安装在群桩上；
- 当桩套（桩靴）进入已打好的桩并到达限位时，固定不动；
- 完全焊接封堵桩套的上、下端，灌入高强度混凝土；
- 经过一段时间后即可冷却并凝固，在此期间，起重机不能松开。

(2) 先吊基础，后打桩

操作步骤如下：

- 先把导管架吊到设计位置；
- 通过定位，将群桩打入桩套内，打桩工艺与单桩基础相同；
- 打到一定位置后，完全焊接封堵桩套的上、下端，灌入高强度混凝土；
- 经过一段时间后即可冷却并凝固，在此期间，起重机不能松开。

2. 导管架式基础施工方案的优缺点及适用范围

(1) 优点

- 采用小直径钢管打入，端部填塞或成型连接，适合较深的水域。
- 覆盖层承载力高，对打桩设备要求较低。
- 导管架采用工厂加工，整体运输安装。

(2) 缺点

- 现场作业时间相对较长。
- 导管架式基础结构庞大又沉重。
- 需要昂贵的设备来运输和吊装。

(3) 适用范围

到目前为止，导管架式基础的适用范围为水深 50m 左右。至今利用导管架最深水域的两个风电场为 Beatrice（水深为 45m）和 AlphaVentus（水深为

30m），支撑 5MW 的风电机组。导管架式基础也常被用于支撑近海变电站。虽成本因素限制了导管架式基础在 100m 以下水域的发展，但仍然可以用在深水域（100m 以上）。

使用船舶：驳船+起重船或浮吊。

3. 典型应用案例

中国交建海上风电施工技术研发中心岱山基地海上整体安装案例如图 5-18 所示，安装了两台 5MW 海上风电机组。该机组采用导管架式基础，安装时使用了起重能力为 4000 吨的浮吊。

图 5-18　中国交建海上风电施工技术研发中心岱山基地海上整体安装案例

5.1.5　重力式基础施工

重力式基础（见图 5-19）采取钢筋混凝土结构，靠自身重力实现风电机组的平衡稳定及抵抗风浪组合荷载。世界上早期的海上风电场均采用重力式基础，钢筋混凝土结构，适合水深较浅，为 0~10m。重力式基础运输如图 5-20 所示。重力式基础浮运如图 5-21 所示。

1. 重力式基础施工工艺

- 用挖掘船将安装风电机组处的海底挖开一个面积大约为 50m×70m 的坑，坑深大概为 4.5m。

- 为使坑底的平整度更好，用碎石将挖出的坑填平，平面误差不能超过5cm。
- 用运输船将已经做好的重力式基础运到安装点，吊装重力式基础，因重力式基础自身的重力，会使与基础接触的坑平面下沉。
- 使用泵将海砂吸入中空的基础中，待海砂沉淀压实后，将上方多余的水抽出。

图 5-19　重力式基础

图 5-20　重力式基础运输

图 5-21　重力式基础浮运

2. 重力式基础的优缺点及适用范围

(1) 优点

- 不需要打桩，直接减少了施工噪声。

- 结构简单。
- 制造成本比单桩基础低。
- 不受海床影响,稳定性好。

使用船舶:大型运输船或浮吊。

(2) 缺点

- 水下工作量大,需要在海底进行疏浚和抛石作业,结构整体性和抗震性差,受冲刷影响大,各种填料资源消耗量大。
- 随着时间的流逝,重力式基础存在下沉问题,这与自身结构、地质结构、施工方式有关。
- 船舶运输、安装施工成本大,费时费力,对运输基础底座沉箱的船舶要求很高,需要特定的且能承受基础重力的生产设备(船坞、加固的码头或者专用调运船舶)。

适用范围:重力式基础主要用于不能打桩的海域及附近有混凝土结构预制场的地区,易结冰的海域一般也使用重力式基础。

典型案例:Thornton Bank 海上风电场是比利时第一个海上风电场,也是世界上第一个使用重力式基础的商业海上风电场,位于比利时海岸线以北 27~30km 处,水深 12~27.5m,所使用的重力式基础为钢筋水泥结构,中空,运输质量为 1200 吨左右,安装后使用细沙或碎石填满,总质量超过 6000 吨。为了安装底座,施工单位动用了总数超过 100 种船只,包括当时(2007 年)世界上最大的起重船 Rambiz(最大起重质量约为 3300 吨)。

5.1.6 浮式基础施工

1972 年,在马萨诸塞大学阿默斯特分校,大规模海上漂浮式风电机组的概念首先被 Willam E Heronemus 教授提出。到 20 世纪 90 年代中期之后,商业风能行业建立，这个话题又占据了主流研究社区。全球深海风力资源非常丰富，水下深度达600m的地区被认为是最好的传输并生成电力的地区。

随着水的深度增加，钢结构平台受到经济成本的限制。在近海油气行业，水的深度对平台的限制为450m（1500ft，1ft=0.3048m）左右，在近海风电行业，出于对成本的考虑，水的深度可能限制在100m以内。

浮式基础由浮动平台和锚泊系统组成。浮式基础风电机组类型如图5-22所示，如油气行业中的柱形浮筒结构和张力腿结构。

（a）HEXICON，半潜式

（b）Hywind，单柱式

（c）Ideol，半潜式

（c）Windfloat，半潜式

图5-22　浮式基础风电机组类型

1. 典型案例（一）

Hywind是世界上第一个深水浮式大容量风电机组，是由挪威、丹麦、德国、英国和荷兰等多国参与的国际合作项目，建在北挪威海域。Statoil Hydro（挪威国家石油公司）在这个项目中运用了水平轴风力发电机的概念。2009

年，由挪威国家石油公司在挪威海域安装了一台试验机组。该机组容量为2.3MW，由西门子公司建造，安装在一个100m的深水浮标上。浮标由法国的德西尼布（Technip）集团公司制作、安装，线缆由耐克森公司负责生产、安装。浮式基础筒径为8.3m，水下圆筒长为100m，在海水下的部分被安装在一个100多米的浮标上，并通过3根锚索固定在海床上。风电机组在挪威的斯塔万格装配，通过轮船上的吊车在海上一点点搭建组装而成，并根据实际情况及时调整。水平轴风力机安装在峡湾，部分淹没在海水里。将水和岩石当作压舱物加进去，将风力机装在上面。组装好的风电机组被托运至海上安装，并将锚放置好。Hywind在2009年9月8日运行，每年产生约9GWh的电力。

2. 典型案例（二）

WindPlus建于2011年，安装在葡萄牙离岸5km处，安装机组为Wind Float，装有维斯塔斯V80 2.0。2011年10月22日，维斯塔斯宣布葡萄牙的首台海上风电机组落成。这台维斯塔斯的V80-2.0MW风电机组是首台安装在被称为Wind Float的创新型漂浮式基座上的海上风电机组。这台风电机组的组装调试均在陆地完成，随后用拖船拖到指定海域，是葡萄牙国内的首台海上风力发电机。

装设在Wind Float上的维斯塔斯V80-2.0MW风电机组发出来的电可供1300户家庭使用，已经发出了超过1.7GW·h的电力。

这种技术可以使风电机组安装在近海水深超过40m的地区。这种地区拥有比浅水近海风电场更强大的风力资源。

5.1.7 桶式基础施工

桶式基础由位于中心的立柱和钢质圆桶组成。钢质圆桶由竖直钢裙与立柱通过加强筋连接。桶式基础通过控制桶内各腔的负压真空度进行水平度控制。风电机组的载荷通过中心立柱传递给加强筋及钢裙。桶式基础安装后，要求地基和桶壁的摩擦平衡。桶式基础的结构优点在于节约钢材用量和海上施工时间，有利于降低生产、安装成本。目前，在国内外，桶式基础一般只应用于测风塔基础，没有应用于海上风电机组。

施工过程：桶式基础由若干个圆柱形的圆桶组成，圆桶下部无底，将基础浮拖至机位后，缓慢控制基础中的空气排出过程使其沉入海底后，继续抽取空气，直至基础嵌入海床并能够提供一定的承载力。

国外最早于1993年将桶式基础应用于海上石油开发，目前尚无在大型风电机组项目中应用，只在少数测风塔中被应用，如图5-23所示。

图5-23 桶式基础

5.1.8 各种基础施工的优缺点对比

各种基础施工的优缺点对比见表5-3。

表 5-3 各种基础施工的优缺点对比

基础结构	优 点	缺 点
单桩	(1) 不需整理海床 (2) 大直径钢管桩方案结构受波浪影响 (3) 由于成本低、工艺简单，目前在浅水域（小于20m）开发中应用最为广泛	(1) 需要防止海流对海床的冲刷 (2) 应用水深小于25m，受深度和地下环境因素的限制，在深水域的应用不普遍 (3) 不适用于海床内有巨石的位置 (4) 施工难度大，桩体的垂直度控制难度较大 (5) 施工周期短，打完桩即可投入风电机组安装
三脚架	(1) 整个结构稳定性较好（基础自重较轻） (2) 海上风电机组基础的设计借鉴了海上石油平台的经验	(1) 相对单桩基础整体质量较大 (2) 对施工船只的起重能力相对单桩基础较低，施工难度较小，施工周期长
多桩承台	(1) 钢管柱一般倾斜一定角度以抵抗侧向力 (2) 桩基直径小，制作、运输、吊运方便 (3) 施工工艺与单桩基础接近，比较成熟	(1) 桩基相对较长，总体结构偏于厚重 (2) 适用水深为 5~20m (3) 需要混凝土浇筑并养护，施工后周期漫长 (4) 因波浪对承台产生较大的顶推力，故桩基与承台的连接需要加固
导管架	(1) 钢管直径较小，端部填塞或成型连接，适合较深的水域 (2) 覆盖层承载力高，对打桩设备要求较低 (3) 导管架采用工厂加工，整体运输安装	(1) 现场作业时间相对较长 (2) 结构庞大又沉重 (3) 需要昂贵的设备来运输和吊装 (4) 施工周期相对较短
重力式	(1) 不需要打桩，直接减少了施工噪声 (2) 结构简单 (3) 制造成本比单桩基础成本低 (4) 不受海床影响，稳定性好	(1) 水下工作量大，结构整体性和抗震性差，受环境冲刷影响大，各种填料资源消耗量大 (2) 随着时间的流逝，存在下沉问题，与自身结构、地质结构、施工方式有关 (3) 船舶运输、基础在海中安装施工成本大，费时费力，对运输基础底座沉箱的船舶要求很高，需要特定的且能承受基础重力的生产设备（船坞、加固的码头或专用调运船舶） (4) 主要用于不能打桩的海域、附近有混凝土结构预制场的地区及易结冰的海域

5.2 海上风电机组安装施工

5.2.1 单叶式安装施工

单叶式安装即分别安装海上风电机组的三个叶片。金风科技海上风电机组单叶片安装如图 5-24 所示。

图 5-24　金风科技海上风电机组单叶片安装

1. 单叶式叶片安装方式

单叶式叶片安装方式主要有两种。

- 三个叶片按照 Y 形安装。先安装上面两个叶片，上面两个叶片与水平线的夹角为 30°，再安装下面的一个叶片，竖直安装。
- 三个叶片均水平安装。先安装一个水平叶片后，将叶轮整体旋转 120°，再水平安装第二个叶片，将叶轮整体旋转 120°，最后水平安装第三个叶片。

两种安装方式的优缺点见表 5-4。

表 5-4 两种安装方式的优缺点

安装方式	优点	缺点
Y形安装	无需对风电机组进行盘车适应性设计	安装吊具结构非常复杂，可靠性差
水平安装	安装速度快	直驱风电机组盘车非常困难

2. 单叶式风电机组安装方式

(1) 第一种单叶式风电机组安装方式

第一种单叶式风电机组安装方式：塔筒+机舱+发电机+轮毂+叶片，安装过程如下：

- 风电机组的塔筒用两台起重机逐段单独吊装（竖直运输塔筒时，也可以用单台起重机）；
- 分别吊装机舱、发电机和轮毂；
- 分别吊装所有叶片。

该安装方式不涉及陆上部件的预组装，因而对码头资源要求较低，同时各部件质量相对不大（如6MW风电机组，最重的单个部件是发电机，为180吨）。各部件单独吊装需要开发各部件支撑工装和吊装夹具，尤其需要开发发电机吊装夹具和单叶片吊装夹具，同时海上吊装时间较长，吊装效率较低，吊装工作中断的风险很大，吊装成本较高，适合那些离海岸较远的海域，利用运输船一次尽可能多地搬运大量的风电机组部件。安装船可采用自升式平台驳船或自航式安装船，另外还要求风电机组各部件需要设计吊点。

(2) 第二种单叶式风电机组安装方式

第二种单叶式风电机组安装方式：塔筒+机舱与发电机预组装+轮毂+叶片，在岸上进行机舱与发电机预组装，安装过程如下：

- 塔筒用一台或两台起重机逐段单独吊装；
- 吊装已组装的机舱和发电机；

- 吊装轮毂；
- 分别吊装所有叶片。

该安装方式涉及少量陆上部件预组装，因而对码头资源要求较低。机舱与发电机可同时吊装（如 6MW 风电机组，两者总计质量达 280 吨），吊装起重机的最低起吊能力要求满足起吊轮载。可采用的吊装船为自升式平台驳船，需要开发机舱和发电机的组装支撑工装和单叶片吊装夹具，吊装效率偏低，吊装成本较高。Siemens 公司在海上 Gun Fleet Sands 项目中采用的是该安装方式。

(3) 第三种单叶式风电机组安装方式

第三种单叶式风电机组安装方式：塔筒+机舱、轮毂与发电机预组装+叶片，如图 5-25 所示。

图 5-25 第三种单叶式风电机组安装方式

安装过程如下：

- 岸上进行机舱、发电机和轮毂预组装；
- 塔架用一台或两台起重机逐段单独吊装；
- 吊装已组装的机舱、发电机和轮毂；
- 分别吊装所有叶片。

该安装方式涉及陆上部件预组装，因不需组装叶轮，故对码头资源要求不高。机舱、发电机与轮毂可同时吊装（如6MW风电机组，三者总计质量达370吨），可采用的吊装船为自升式平台驳船，需要开发机舱、发电机和轮毂的组装支撑工装和单叶片吊装夹具，同时要求风电机组具备机舱、发电机与轮毂吊装的吊点和相应的工装吊具。由于需要分别吊装每个叶片，因此吊装效率一般，吊装成本一般。

5.2.2 兔耳式安装施工

兔耳式安装是将两个叶片预组装在轮毂上。

1. 兔耳式风电机组安装方式

（1）第一种兔耳式风电机组安装方式：塔筒+机舱+发电机+轮毂与两个叶片预组装+叶片。

安装过程：

- 在岸上进行轮毂与两个叶片预组装，形成两叶式叶轮（也称兔耳式叶轮）；
- 塔筒用两台起重机逐段单独吊装；
- 分别吊装机舱和发电机；
- 吊装两叶式叶轮；
- 吊装剩下的垂直叶片。

该安装方式涉及部件在陆上预组装，故对码头资源要求一般。两叶式叶轮吊装（如6MW风电机组，三者总计质量为150吨，发电机质量为180吨），吊装起重机起吊能力要求在轮毂高度处满足最低起吊能力不低于300吨。可采用的吊装船为自升式平台驳船、自航式安装船或起重船。需要开发两叶式叶轮的组装支撑工装和竖直叶片吊装夹具，同时要求风电机组具备两叶式叶轮吊装的吊点和相应的工装吊具，吊装效率一般，吊装成本一般。

（2）第二种兔耳式风电机组安装方式：塔筒+机舱、发电机、轮毂与两个叶片预组装+叶片，如图5-26所示。

图5-26 兔耳式安装

安装过程：

- 在岸上进行机舱、发电机、轮毂与两个叶片预组装，形成两叶式机头；
- 塔筒用一台或两台起重机逐段单独吊装；
- 吊装组装在一起的两叶式机头；
- 单独吊装剩下的垂直叶片。

该安装方式涉及较多的陆上部件预组装，故对码头资源要求较高。机舱、发电机、轮毂与两个叶片可一起吊装（如6MW风电机组，总计质量为420吨），吊装起重机起吊能力要求在轮毂高度处满足最低起吊能力不低于600吨。可采用的吊装船为自升式平台驳船、自航式安装船或重型起吊船。需要开发两叶式机头组装支撑工装和竖直叶片吊装夹具，同时要求风电机组具备两叶式机头组装吊装的吊点和相应的工装吊具，吊装效率较高，吊装成本一般。

该安装方式已应用于国外的很多项目，如 Horns ReV（Dong Energy）（见图 5-27）、North Hoyle、Barrow、Scroby Sands 和 Kentish Flats 等。

图 5-27　Horns ReV 风电机组兔耳式安装

2. 典型案例

Scroby Sands 项目是英国较早的海上风电场，共有 30 台 Vestas V80 型风电机组，建造大致过程如下。

- 基础建造，使用单桩基础。为了达到桩体与风电机组塔筒对接法兰的水平度要求，使用了过渡段。过渡段上带有 J 形电缆管，用于风电机组连接海底电缆。
- 使用自升式驳船运送质量为 200 吨的单桩基础到建造地点，进行打桩作业后，安装过渡段。

- 在单桩基础周围铺设岩石，以防止冲刷对基础的影响。
- 风电机组安装工程由 A2 Sea 公司和 Seacore 公司完成。其中，深水区的 24 台风电机组由 A2 Sea 公司安装，Seacore 公司安装了浅水区的 6 台风电机组。
- 风电机组安装工作由 Vestas Celtic 在 Campeltown 的工厂完成，风电机组和叶片由 Vestas Celtic 公司在 SLP Engineering 公司的 Lowestoft 码头预装配。

5.2.3　三叶式安装施工

三叶式安装是在陆上将风电机组的三个叶片和轮毂安装好，组装成叶轮，可以不与机舱连接。运输时，为了有效利用甲板空间，要调整叶片放置的角度，将其合理布置在甲板上。海上安装时，先把机舱吊装在塔架上，然后将已组装好的叶轮直接吊装在机舱上，以减少海上叶片安装时定位、对接等步骤，降低海上施工难度，如图 5-28 所示。

图 5-28　三叶式安装

1. 三叶式风电机组安装方式

（1）第一种三叶式风电机组安装方式：塔筒+机舱+发电机+轮毂与三个叶片预组装，在陆上分别完成轮毂与三个叶片的组装（被称为叶轮），如图5-29所示。

（a）安装机舱　　　　　　　　　（b）安装叶轮

图5-29　第一种三叶式风电机组安装方式

安装过程：

- 塔筒用一台或两台起重机逐段单独吊装；
- 分别吊装机舱和发电机；
- 用主、副吊车吊装已组装的叶轮；
- 完成风电机组吊装。

这种安装方式涉及部分部件在陆上预组装，叶轮在陆上组装花费时间较长，对码头资源要求较高。吊装叶轮时要求吊装起重机的起吊能力满足在轮毂高度处最低起吊能力不低于300吨。组装时叶轮尺寸庞大，可采用的吊装船为自升式平台。需要开发叶轮组装工装，同时要求风电机组具备叶轮吊装吊点和相应的吊具。陆上组装叶轮工作可省去单叶片海上吊装，使海上吊装效率稍高，吊装成本一般。目前，该吊装方法主要用在陆上风电场吊装。

（2）第二种三叶式风电机组安装方式：塔筒+机舱与发电机预组装+轮毂与三个叶片预组装，在陆上分别完成机舱与发电机的组装、轮毂与三个叶片的组装（被称为叶轮），如图5-30所示。

图5-30　第二种三叶式风电机组安装方式

安装过程：

- 塔筒用一台或两台起重机逐段单独吊装；
- 吊装已组装的机舱与发电机；
- 用主、副吊车吊装叶轮；
- 完成风电机组吊装。

由于该安装方式要求大部分部件在陆上预组装，因此对码头资源要求较高。机舱与发电机同时吊装，吊装起重机的起吊能力要求在轮毂高度处满足最低起吊能力不低于400吨。组装的叶轮尺寸庞大，可采用的吊装船为自升式平台驳船或自航式安装船。需要开发机舱和发电机的组装支撑工装和叶轮组装工装，同时要求风电机组具备机舱与发电机组装吊装吊点、叶轮吊装吊点及相应的吊具。由于陆上组装工作较多，因此使海上吊装效率偏高，吊装成本适当。该安装方式应用较多，如金风 2.5MW 风电机组如东潮间带项目吊装和 Repower 在 Alpha Ventus 项目吊装。

（3）第三种三叶式风电机组安装方式：塔筒预组装及机舱、发电机、轮毂与三个叶片预组装，在陆上组装塔筒，并分别完成机舱与发电机、叶片与轮毂的组装。

安装过程：

- 塔筒整体单独吊装；
- 吊装已组装的机舱与发电机；
- 吊装叶轮。

该安装方式要求大部件在陆上预组装，陆上组装塔筒需要设置基础平台，故对码头资源要求较高。机舱与发电机同时吊装、轮毂与发电机同时吊装、组装的塔筒同时吊装，均需吊装起重机的起吊能力要满足最低起吊能力，且不低于 800 吨，可采用的吊装船为自升式平台驳船。该安装方式需设计机舱和发电机的组装支撑工装、叶轮组装支撑工装，同时要求风电机组具备机舱与发电机及叶轮组装吊装的吊点和相应的工装吊具。由于不需要组装塔筒和叶轮，因此吊装效率较高，但陆上组装成本高。

2. 典型案例

Nysted 海上风电场风电机组吊装（见图 5-31）是典型的三叶式安装施工技术的应用实例。Nysted 海上风电场共有 72 台风电机组，分成 8 行平行的阵列，每行 9 台风电机组。风电机组供应商是丹麦的 Bonus 公司（被西门子公司收购），单机容量为 2.3MW，是 2004 年 Bonus 公司所能生产的最大容量的风电机组，整个风电场容量为 165.6MW。每个塔架有 69m 高，比陆上风电机组的塔架低大约 10%。

图 5-31 Nysted 海上风电场风电机组吊装

变电站的设计是由 ISC 咨询工程公司完成的。高压电缆和通信系统设计由 SEAS 公司的技术部门完成。安放基础的吊装工作由起重船完成。安装船参数见表 5-5。

表 5-5 安装船参数

类 型	施工水深（m）	吊装能力（吨）
自航式安装船	24	100
三脚起重机	>100	3300
三脚起重机	>100	2000

5.2.4 各种安装方式的优缺点对比

各种安装方式的优缺点对比及应用情况见表 5-6。

表 5-6　各种安装方式的优缺点对比及应用情况

安装方式	优　点	缺　点	应用情况
单叶式	(1) 码头、甲板面积占用少，布局灵活 (2) 水平吊装稳定，易操作 (3) 吊装费用低	(1) 对吊具要求高 (2) 吊装次数多 (3) 传动系统设计要求高（水平安装） (4) 海上施工程序多，高空作业量大，操作空间小	西门子 3.6MW、4MW、6MW 海上风电机组
兔耳式	(1) 吊装次数少 (2) 吊装费用低 (3) 起重机吊装能力一般	(1) 要求天气、风速条件高 (2) 组装好的叶片占用码头、甲板面积，不适合长途运输 (3) 海上施工程序多，高空作业量大，操作空间小	Alstom 海上风电机组
三叶式	(1) 吊装次数少 (2) 减少海上作业时间	(1) 要求天气、风速条件高 (2) 组装好的叶片占用码头、甲板面积大	金风 2.5MW 如东项目
整体式	(1) 缩短工程建设周期 (2) 工作效率高	(1) 需要大型起重船，承载能力高 (2) 吊具设计复杂 (3) 安装精度高 (4) 对码头等组装场地要求高	华锐东海大桥项目

当基础安装完成后，开始进行风电机组的吊装，多种因素会影响海上风电机组的吊装，主要有风电机组部件在码头（或陆上）上的预组装程度、运输（船）和安装（船）的情况、安装风电机组的数量与风电机组参数（质量及外形尺寸等）、离港口距离及安装海域气象状况等。上述因素不是独立影响的，彼此之间有一定的相互影响，码头预组装程度或离岸距离影响着运输船和吊装船的选择，进而影响吊装方式的确定。安装风电机组的数量与风电机组参数也会影响运输和吊装方式。安装海域气象状况影响吊装方式的选择。风电机组的吊装方式决定升降机的最大起重能力，反过来又决定运输、安装船的最低起重能力要求。在上述影响因素中，风电机组部件在码头（或陆上）上的预组装程度和吊装船的选择对吊装方案的影响较大。

5.3 海上风电机组海缆施工

5.3.1 海缆及海缆附件的选择

1. 海底光电复合电缆

目前,海上风电场选用的海缆主要为海底光电复合电缆。它是在海底电力电缆中加入了具有光通信功能及加强结构的光纤单元,具有电力传输和光纤信息传输的双重功能,用于监控和控制风力发电机系统,完全可以取代同一线路铺设的海底电缆和光缆。如果发生故障,需要更换整根电缆。海上风电场的容量、离岸距离不相同,采用的输变电系统方式及电压等级要求也不同,可以将海上风电场所用海缆分为内部阵列海缆和输出海缆两大类。

(1) 内部阵列海缆

内部阵列海缆主要用于连接海上风电场的各个风电机组并汇入海上升压站的海底电缆。因为风电机组的输出电压比较低(小于1kV,一般为690V),若直接远距离传输风电机组输出的690V电压,则会造成电能的大量损耗。因此需要利用风电机组本身的变压器将电压升为中压(如35kV)后,再利用内部阵列海缆与其他风电机组及海上变电站连接。内部阵列海缆除导体和绝缘层(一般为交联聚乙烯、乙丙橡胶)外,外部还需设计径向阻水层,用于保护绝缘层免受水分倾入的伤害,保证绝缘强度。阻水层可以采用铜(铝)/塑料复合带或铅套,由于绝缘层的电气强度要求不高,中压电缆(如35kV海缆)一般不采用金属护套,而采用较为简单的护套。此外,海缆的另一个至关重要的结构部件是铠装。它可以为海缆提供机械保护和张力稳定性。对于每一个海上项目,海缆铠装应根据海缆规划路由中每个区域的张力稳定性(海缆铺设时由海缆悬挂物的质量、不同的安装方式和由铺设船产生的附加动态力)、外部危害形式及保护要求(防止安装器具、渔具及锚具带来的外部威胁)等进行设计。中压交流海缆的最大长度一般小于30km。

(2) 输出海缆

输出海缆是将由海上风电场产生的电能传送至海底电缆。由于风电场的容量、离岸距离及风电场条件不同,海上风电场的输变电形式及需要的输出海缆电压等级也不相同。对于离岸较远、容量较大的具备海上升压站的风电场,输出海缆通常使用高压海缆(如110V/220V)。高压(大于110kV)海缆的最大长度一般小于150km。对于离岸距离较近、容量较小、不需要海上升压站的海上风电场,通常直接使用中压(通常为35kV)海底电缆作为风电场的输出海缆。

海底电缆一般并非现成的标准产品,多数项目由于现场条件及要求不同,对电缆的设计要求不同。但在实际项目中,很多投资方会尽量使用既定的标准电缆,以减少重新设计和型式试验所需的成本。

2. 海缆附件

无论风电场内部阵列海缆,还是风电场高压输出海缆,在生产、安装、铺设及维护过程中还会用到一些用于海缆连接、保护等方面的附件,主要包含海缆安装接头、终端以及其他附件,如牵引头、锚固装置、弯曲保护装置、J形管密封装置、立管海缆定心装置等。

(1) 海缆安装接头

海缆安装接头按用途主要分为工厂接头、海底安装接头:工厂接头主要用于连接装铠前的半成品海缆,或者用于连接因生产事故而被切断的电缆;海底安装接头主要在海缆安装连接与维修时使用。海缆安装接头还可以根据接头方式分为柔性接头和刚性接头。

● 柔性接头。柔性接头是指在海上铺缆船上或者在海滩区域制作的海缆

"现场接头"。根据海缆及接头设计，近海海缆柔性接头制作一般需要1~10天，两根海缆末端需要在制作柔性接头之前提前放置在船上的接头。由于现场制作耗时较长，因此在海上风电场安装尤其在维护过程中，目前多采用预制好的刚性接头。柔性接头可用于大长度电缆需要在近海处与后续交货长度电缆的连接。

- 刚性接头。刚性接头与柔性接头区别很大。刚性接头有刚性外壳，最常用的是不锈钢管。外金属保护盒既是海缆末端的连接点，也用于内部海缆接头的外部保护。外金属保护盒内部的电气连接可使用预制接头作为电缆的电气部件。预制接头一般采用具有半导电层和绝缘层的弹性缩管，跨接两边电缆绝缘层的间隔。预制接头的组装时间短，适用于各类导体连接方式，可以在工厂进行预试验的诸多优点而被广泛使用。

外金属保护盒由于机械强度高、密封性能好，可耐海水腐蚀，因此预制接头也可用于海底电缆。外金属保护盒由多个部件组成，各部件之间采用焊接或螺栓连接。外金属保护盒与电缆铠装或铅套之间可以采用夹紧法兰式机械连接，也可以采用焊接，要完全包覆预制接头，达到安全防水的目的。为避免刚性接头外金属保护盒与海缆铠装层连接过渡处出现锐弯损坏海缆，在钢质保护盒的海缆引出处，需用圆锥形橡胶套制成的弯曲限制器件来包覆海缆。

(2) 牵引头

牵引头是用于钢丝绳和电缆导体连接的部件，可将牵引力过渡到电缆导体上，避免电缆护套及电缆绝缘层承受过大的牵引力，保证电缆在铺设过程中完好无损。牵引头的优势：配合牵引网套使用；结构简单，安装方便；带有自动减旋功能。

(3) 锚固装置

锚固装置是安装在风电机组外平台上，用于固定垂直悬挂电缆段的固定装置，承受悬挂段电缆自重。锚固装置通过特殊设计的法兰结构，将电缆铠装层夹紧以承受机械载荷。带有铅套或塑料保护套的电缆芯通过锚固装置向上至风电机组内电缆终端连接。锚固装置安装方便，采用优质防腐材料以保证海缆的安全性。

(4) 弯曲保护装置

海底电缆与所有柔性产品一样，具有最小弯曲半径，弯曲强度不连续的地方容易产生过度弯曲和疲劳。在将电缆穿入刚性接头金属外壳、固定装置入口或电缆封端浮动装置入口时，需使用弯曲限制器，以避免电缆发生过度弯曲或反复弯曲。弯曲限制器可由聚合物或金属构成，套在电缆上逐级增加连接处的弯曲刚度，保证电缆最小弯曲半径，防止过度弯曲，减小海洋环境造成的疲劳和破损。但需注意，如弯曲限制器设计不当，电缆也可能会在弯曲限制器末端部位发生锐弯。

(5) J形管密封装置

J形管密封装置用于海上风电机组基础J形管连接处，以防止海水进入J形管内部，腐蚀J形管。

(6) 立管海缆定心装置

立管海缆定心装置用于海缆护管与海缆的连接处，以防止由于海缆摆动而与管口摩擦，对海缆造成疲劳与损坏，在欧洲海上风电项目中广泛使用，在中国海上风电场建设中目前应用不多。

5.3.2 海缆铺设施工装备

铺缆船又称铺设用船舶，是用于在海底、水下铺设海缆的专用船，也可兼作海缆维修船。该船的首部形状较特殊，设有几个大直径的导缆滑轮。通常海缆在铺设时需要移船。移船主要有以下几种动力形式：①利用两个拖轮左右带动铺缆船；②依靠铺缆船的工作锚；③铺缆船自航。

拖轮又称拖船，是用来拖曳没有自航能力的船舶、木排或协助大型船舶进出港口、靠离码头或救助海洋遇难船只的船舶。拖轮没有装载货物的货舱，船身不大，装有大功率推进主机和拖曳设备，具有个子小、力气大的特点。拖轮分海洋拖轮、港作拖轮和内河拖轮。拖轮拖带轮船，可以像火车头拖带列车车厢一样，呈一列式拖带驳船，也可以从两旁舷侧拖带驳船。拖轮还可以拖大船，几艘小拖轮可以同时拖带一艘万吨级大船，使大船顺利进出港，调动船位，进出船坞。

铺缆船在工作时常需要借助退扭架、溜槽、布缆机、计米器、张紧器、张力测定器、入水槽、入水角度指示器及用于水下电缆埋设和埋设检测设备等辅助设备。

- 退扭架：由于电缆在盘绕装船时会出现扭转现象，从而产生扭应力，因此在电缆铺设施工前，必须将电缆的扭应力释放掉，使其恢复自然状态，以便铺设。
- 溜槽：溜槽是电缆铺设时的通道，使电缆保持一定的形状和要求，通过各机具铺入水中装置，有半圆溜槽、斜溜槽、过渡溜槽、平溜槽等4种。
- 计米器：用来测量铺设电缆长度的计算装置。
- 张紧器：在海缆铺设过程中，使海缆保持一定的拉力，防止海缆在铺设过程中由于自身重力、潮流及风浪等影响由铺缆船上滑落，造成铺设过程中的海缆损伤。
- 张力测定器：用来检测电缆在施工时所承受的张力。
- 入水槽和入水角度指示器：入水槽是铺缆船上电缆入水前的最后一个机具。电缆通过入水槽时既会受到电缆对其产生的压力，又会受到由船舶调向、偏拉所产生的侧向力,因此入水槽的设计安装必须牢固可靠。
- 电缆埋设机:在铺设施工中主要用于牵引、制动电缆及埋缆。由于项目地质情况不同,电缆埋设机根据具体要求可为挖埋式、刀犁式、水冲式等。
- 电缆埋设检测设备:主要用于监测电缆埋设机在海床面的姿态、挖沟深度、GPS位置、高压水泵压力及海缆承受拉力等。
- 其他辅助设备:包括电缆登陆时的牵引卷扬机、充气浮胎、电缆拖轮、绑扎电缆用的绳索、木撬杠等,移船时还需要使用拖轮、抛锚艇及自航船等。

5.3.3 海缆铺设施工技术

1. 海缆的铺设安装流程

海上风电场的海缆铺设安装方案会根据不同的水文地质情况、离岸距离等进行具体分析和制定,但总体安装流程基本类似,除了海陆调查、设备调试、海面预处理、环境保护等前期准备工作,海缆铺设工作主要包括海缆出厂装船、海缆登陆段铺设、海缆放置、海缆保护、风电机组侧海缆安装、海缆浮标标记及最后的实验和投产运行等内容。

(1) 前期勘测及扫海准备

海缆路由调查是海缆系统工程设计和工程建设的基础,需要先对岸滩地形、地貌、地物的现场进行查看,走访海洋、航道、地质、水文、航运、渔业、海产养殖、建设规划、军事及通信等部门,收集与海缆工程有关的各方面资料,进行比较分析,初步确定海缆登陆点和路由方案;然后采用先进的技术手段和设备进行海缆路由勘测,以便选择安全、可靠的海缆登陆点和路由，确定经济合理的海缆敷设技术方案，确保海缆通信的安全稳定；最后根据勘察确定路由，选用相应的光缆和施工方案进行施工。扫海的目的是进一步清理水底残存的渔网等障碍物，一般由拖轮拖带扫海锚具，来回沿路由扫海不少于1次。扫海时，扫海锚具的入水角不得大于30°，航速控制在6节以内，沿设计路以低速航行，遇到障碍物时，由潜水员下水清理。扫海按作业方式不同可分为拖锚扫海、ROV（水下机器人）扫海及声呐、多波束等仪器扫海等方式。

（2）海缆装船

如果海缆厂家不靠近码头，则需要先使用大型平板车将海缆盘运输至码头，费用昂贵。因此很多会靠近码头建厂，可在码头直接装缆或装船。装缆时，铺缆船靠泊固定，采用电缆栈桥输送海缆至铺缆船，并盘放在固定的缆舱或盘缆台上。此外，海缆也可用托盘或线轴装盘。海缆盘能装载几百米的铠装海底电缆，也有超大规格的海缆盘，一次可装载 1~2km 的海缆。装载铠装海底电缆的电缆盘重为 30~50 吨，可使用合适的吊机直接吊放至铺缆船甲板。只有当海缆有铠装时才能盘绕，海缆在海缆盘中会扭转 360°。因此，海缆盘需要有最小的半径。这个半径一般应不小于 60 倍的海缆直径，以便吸收每圈海缆产生的扭力。正确的海缆盘直径取决于海缆铠装的节距、铠装线下层及其他设计参数。盘缆时需注意方向，只有当沿着铠装松开的方向扭缆时才能将海缆盘绕。如果盘绕方向错误，将会使海缆打结和打圈，导致盘缆失败。

海上风电场的阵列海缆长度通常为 400~800m，根据现场实际情况一般有两种供缆方式可供选择。

- 使用预先切断的盘装海缆。工厂需要预先知道正确的海缆长度，这往往比较困难，因此需要留有较大的安装长度裕量，在海缆安装时造成大量废弃短段海缆，同时空海缆盘需要回收处理，费时费钱。而且客户还可能要求对每盘海缆进行工厂测试，增加测试数量和费用。

- 使用一个大规格的海缆圈或转盘装运，在现场根据安装需求再切割，这样会很少出现废弃的海缆，也没有海缆盘需要回收，但在工厂和现场对设备的要求较高，具体项目实施时需根据供应商和现场实际情况选择适合的供缆方式。

(3) 海缆登陆段铺设

海缆从海上铺管通常有两种作业方法。

- 在指定位置铺设一个固定锚，用一根连接钢丝绳，两端分别与埋设地锚和导管拖拉头连接。铺管船靠近平台，当连接钢缆张紧后，通过向前移船来下放管道。
- 将一个导向滑轮拴在导管架底部导管上，铺管船收放绞车的钢缆穿过海底导向滑轮后，与导管拖拉头相连。铺管船离平台较远，当收放绞车的钢缆张紧后，设定张力，铺管船原位固定不动，通过绞车收揽来下放管道。当导管被拖拉到预定位置时，用一根连接钢缆取代收放绞车钢缆，收回绞车的钢缆，开始进入正常铺管作业。

(4) 电缆的铺设与保护

早在20世纪八九十年代早期，铺设在海底的电缆通常裸露在海洋环境中，很容易受到破坏。到20世纪90年代中期，水下埋设机出现，直接埋设保护（简称直埋）在长距离电缆铺设中逐渐被采用。如今，几乎所有的海底电缆均会采用直埋或外部覆盖的保护方法。直埋通常包括冲埋法、刀犁法、切割法、预挖掘法等几种形式。覆盖通常采用人工覆盖物保护。

① 直埋。

- 冲埋法。该方法使用埋设犁的掘削部位装有喷嘴。冲埋式埋设犁一般有两种形式。一种是固定在船舷的靴式冲埋机。靴子的高度依据水深进行调节，底部和根部都装有喷嘴，喷射出的高压水在海底冲出沟槽后，通过靴筒内的导轨把光缆和中断器引导到沟槽，自然回填掩埋。另一种是犁式埋设机，通过钢缆牵引埋设犁，埋设臂的下方装有喷嘴，光缆进入埋设臂通道被引导至沟槽。冲埋式埋设犁的最大埋深可以达到10m，埋设速度与海底地质和埋深有关，一般为1~15m/min，作业水深一般小于60m。冲埋法设备一般都是无动力的，主要包括靴式冲埋机、冲埋犁、水下ROV，当然还有自带动力的，如自带推进器的水下机器人。

- 刀犁法。该方法由铺缆船用牵引索拖拉埋设犁，安装在埋设犁尾部的刀犁在海床上掘削出一条沟槽后，将海缆和中继器埋入。刀犁法使用的铺缆船较大，所需的辅助船较少，抗风能力强，施工速度快，埋设深度由刀犁决定，也可以通过控制系统调节埋设深度。埋设犁在主体上配备调节作业深度和宽度的液压装置，以及监视埋设犁姿态、障碍物及光缆导入等状况的各种传感器与电视摄像机，还有向电视摄像机和埋设犁主体各组成部分及收集各种数据用的机上信号处理装置。在埋设时，通过铺缆船上的监控室与供电电缆对埋设犁进行控制和供给电源。目前世界上最新埋设犁的埋设能力可达4m以上，最大作业水深达2000m。

- 切割法。在铺设海缆前，需要用切割轮、切割链或其他专业机械粉碎机沿预设路线开沟，适用于海底岩石层或不利于冲埋法和刀犁法的硬土层，可将坚硬的海底表层切碎。这种埋设施工方法速度很慢，费用较贵，一般适用于短距离的海缆铺设。

- 预挖掘法。先使用反铲式挖泥船挖掘沟渠，再用铺缆船将海缆铺设在沟槽中，并使用挖泥船填充沟槽，该方法可通过空气袋使海缆浮动在沟槽上方或直接在沟槽中铺设。挖泥船负责清挖水道和河川淤泥，以便其他船舶能顺利通过。

② 覆盖保护法。

当无法避开岩石段、海缆与其他管道交叉、海底泥土层太薄、不允许大型船舶进入相应海域时，通常采用人工覆盖保护法来保护铺设的海缆。可采用的人工覆盖物有半片铸铁管、混凝土盖板、水泥填充物、抛石等。铸铁管可以由潜水员潜入水下操作。混凝土盖板、水泥填充物可以从海平面下放到相应位置，更先进的可以用水下机器人操作。抛石保护是比较常用的方法，由专业船舶载着碎石沿着海底管线将碎石从船底部抛落，现代较先进的方法是采用柔性落石管将碎石抛下，铺设过程中辅助以相应的控制和监视。

(5) 海缆的安装和固定

风电机组侧的海缆接入方法：将引线从J形管中牵引出来，把引线头与待接海缆的一端连接，将海缆缓慢放入海底，在J形管上端出口缓缓拖曳引线，使海缆逐步靠近J形管下端进口并进入管内，继续牵拉引线，直到海缆被牵引出来。

连接风电机组海缆的另一端与风电场海缆的连接方式：安装人员将两根海缆端从水底打捞上来后，在铺缆船上将两端连接，通过牵引装置将连接好的海缆缓缓沉入海底。

(6) 海缆安装中保护

在埋设或维修海缆遇到坏的天气、海况或其他因素导致施工中断时，常需要将海缆放回海底后，设置浮标进行定位标记。另外，在海缆铺设过程中，为了防止海缆被其他施工设备损坏，常在海缆周围的一定距离设置浮标用于警示。

(7) 海缆安装后保护

海缆安装完毕后也需要不断维护，主要是提示人们此处有海缆，接触有危险，请注意避开。通常采用的方法有：在海滩区竖立警示牌；将海缆位置信息告知管线运行、海洋局、渔业管理、气象水文等有关部门,并告知渔民及海员;监视靠近海缆路由的船舶航行、海上及空中巡逻等。

(8) 海缆实验及投产运行

海缆投入运行后,需要对海缆进行直流耐压试验,该试验是考核海缆绝缘性能及其承受过电压能力的主要方法,能有效检测充油海缆的机械损伤、介质受潮等局部缺陷。直流耐压试验是一种破坏性试验,在直流高压作用下,绝缘依然容易发生损坏,对以后的稳定运行造成影响,因此研究直流耐压试验时可能出现的绝缘故障是十分有必要的。直流耐压试验的基本原理是将直流电压施加在海缆的主绝缘上。这个直流电压要求比海缆的正常工作电压高,保持直流电压一段时间并使电压值尽量恒定,如果海缆试样能经受这样高的直流电压而不出现击穿的现象,则可以判定该海缆符合要求,当海缆通过测试符合要求后即可投产运行。

2. 潮间带海缆施工技术

潮间带是位于大潮的高、低潮位之间,随潮汐涨落而被淹没和露出的地带。根据初步估算,潮间带年平均风速可达 $6\sim7m/s$,具备可以利用的风能。潮间带中,风电场的风电机组之间需要通过海缆连接,其埋深均在 2m 以上。潮间带涨潮漫滩,退潮露滩,涨潮时水深仅为 $3\sim5m$,这些特性决定了常见的近海海缆施工工艺不适用于潮间带。下面介绍几种目前常见的方式。

(1) 布缆船施工

水位高涨时,利用缆绳牵引浅吃水平底驳船至需要铺设海缆线路的起始位置,将位于船尾的导缆笼放入海水中。该导缆笼的一端与驳船连接,另一端设有水力埋设机。将海缆通过驳船上的导扭架从导缆笼中放至滩面。启动水力埋设机,利用喷出的高压水冲击滩面,将海缆埋设到需要的深度,如 2m 深。有的布缆船上也装有履带式布缆机,可用于铺设直径为 $27\sim100mm$ 的各种规格海缆。履带式布缆机又称直线式布缆机。它的液压马达经过减速齿轮同步带动布缆机上下两条链带夹住海缆，海缆沿着布置在船尾的滑槽送入海底。

(2) 挖掘法施工

可以使用挖泥船或人工挖沟，挖掘深度由埋设深度决定。挖掘结束后，直接将海缆铺设下去，利用潮流等动力将海缆自然回填掩埋。挖掘法造价低，在潮间带地区广泛应用，施工时可以在潮间带高潮位放线，退潮后人工挖掘，还可以用水陆两栖挖掘机挖掘，沟槽灌水后用浮具布缆。

水陆两栖挖掘机是一种适用于陆地、沼泽软地面及浅水作业环境的多用途挖掘机，行走装置采用多体船式浮箱结构及密封箱形履带板，能在淤泥及水面安全行走与作业。

(3) 浴缸法施工

首先用疏浚船挖掘一条能够使铺缆船漂浮起来的水沟，该水沟的宽度和深度要保证铺缆船在潮涨潮落的情况下都能处于漂浮状态。铺缆船一直跟随在疏浚船后面铺设海缆，与此同时，一条浮船也跟随在铺缆船后面。在铺设过程中，疏浚船用泵把挖出的泥沙浆通过专门的管道运送到尾端浮船上，浮船将泥沙填入铺设过电缆的水沟中。

5.4 本章小结

本章对海上风电机组的基础结构施工、安装施工和海缆施工三个方面进行了具体阐释，较为完善地介绍了海上风电机组施工可能涉及的内容。

参考文献

[1] 毕亚雄,赵生强,孙强,等. 海上风电发展研究 [M]. 北京:中国水利水电出版社,2017.

[2] 林毅峰. 海上风电机组支撑结构与地基基础一体化分析设计 [M]. 北京:机械工业出版社,2020.

[3] 袁越,严慧敏,张钢,等. 海上风力发电技术 [M]. 南京:河海大学出版社,2014.

第6章
海上风电机组运行和维护

海上风电机组运行和维护（简称运维）费用是海上风电度电成本的重要组成部分。现代海上风电运维是以可靠性理论为基础，依据风电机组故障的状态监测和相应的故障诊断结果来实现的。随着海上风电规模化和集群化的开发，海上风电机组运维的重要性日益凸显。本章将从海上风电机组可靠性的特征量、海上风电机组故障分类、海上风电机组状态监测技术、海上风电机组故障诊断技术和海上风电场现场运维等方面进行介绍。

6.1 可靠性的特征量

可靠性是指零部件或系统在规定的时间和条件下，完成规定功能的可能性，用于表示和衡量产品可靠性的各种量统称为可靠性的特征量。可靠性的特征量分为两类：一类是以概率指标表示的，主要有可靠度、不可靠度、失效概率密度和失效率；另一类是以寿命指标表示的，主要有平均寿命、可靠寿命、寿命方差、中位寿命和特征寿命等。对于可修复的产品，其可靠性的特征量还有平均修复时间、维修度和维修率等。

6.1.1 概率指标

1. 可靠度

可靠度是指产品在规定的条件下和规定的时间内完成规定功能的概率，

是时间的函数，记作 $R(t)$，也被称为可靠度函数。

$$R(t) = P(T>t) \tag{6-1}$$

式中，T 为产品寿命；t 为规定时间。如果出厂时刻 $t=0$，那么当 $t=0$ 时，$R(0)=1$；当 $t=\infty$ 时，$R(\infty)=0$。

2. 不可靠度

不可靠度是指产品在规定的条件下和规定的时间内不能完成规定功能的概率，也是时间的函数，记作 $F(t)$，也被称为累积失效概率。

$$F(t) = P(T \leq t) \tag{6-2}$$

式中，T 为产品寿命；t 为规定时间。当 $t=0$ 时，$F(0)=0$；当 $t=\infty$ 时，$F(\infty)=1$。

3. 失效概率密度

失效概率密度是累积失效概率 $F(t)$ 对时间的变化率，表示产品寿命落在包含 t 的单位时间内的概率，即 t 时刻产品在单位时间内失效的概率。

$$f(t) = \frac{\mathrm{d}F(t)}{\mathrm{d}t} = F'(t) \tag{6-3}$$

4. 失效率

产品在 t 时刻的失效率就是产品工作到 t 时刻后，在单位时间内发生失效的概率。或者说，产品在 t 时刻后，单位时间的失效数与在 t 时刻尚未失效的产品数的比值。

$$\lambda(t) = \lim_{\Delta t \to 0} \frac{P(t<T \leq t+\Delta t \mid T>t)}{\Delta t} \tag{6-4}$$

式中，T 表示产品正常工作时间。

由上述可得

$$R(t) = \mathrm{e}^{-\int_0^t \lambda(t)\mathrm{d}t} \tag{6-5}$$

$$F(t) = 1 - \mathrm{e}^{-\int_0^t \lambda(t)\mathrm{d}t} \tag{6-6}$$

通过对各种产品使用和试验中得到的大量数据分析可知，一般产品的失效率与时间的关系有如浴盆形状的曲线图形，因此称为浴盆曲线，如图6-1所示。产品失效可以分为三个阶段，即早期失效期、偶然失效期和损耗失效期。

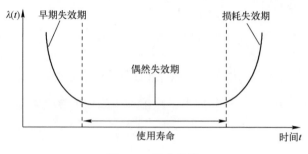

图6-1 浴盆曲线

（1）早期失效期

早期失效出现在产品开始工作后的较早时期，特点是失效率高，随着产品工作时间的增加，失效率迅速下降。这是由于设计、原材料和制造工艺上的缺陷而导致的，如原材料有缺陷、装配调整不当等，为了缩短这一阶段的时间，可以通过加强对原材料和工艺的检验及对产品质量的管理等进行可靠性筛选等方法来降低产品早期失效率。

（2）偶然失效期

这个时期也称为随机失效期或稳定工作阶段。其特点是失效率低且稳定，往往可以近似为一个常数。这个时期是产品的良好使用阶段。失效的主要原因是由偶然因素引起的，如质量缺陷、材料弱点、环境和使用不当等，在这一时期要尽力做好产品的维护和保养工作，使这一阶段尽量延长。

（3）损耗失效期

这个阶段的特点是失效率迅速上升，并很快导致产品报废，主要是由于老化、疲劳和损耗等因素引起的。这一阶段要针对不同的情况采取一些补救措施。例如，当元器件老化引起整个系统失效时，可以采取更换老化元器件的方法，对寿命短的产品采取预防性维修措施和替换方法。这些办法在设计系统时就要考虑。

浴盆曲线用于揭示产品在不同时间段内失效概率的高低情况，分析不同阶段产品失效的本质区别，为制定正确的产品使用和运维策略提供理论依据和方法，使产品的使用过程既有阶段性，又有相互联系、协调发展的连贯性。

6.1.2 寿命指标

有时也可以用寿命特征来描述系统的可靠性，常用的指标有平均寿命和可靠寿命。

1. 平均寿命

平均寿命能够说明产品的平均水平，引入寿命方差则能够反映产品寿命的离散程度。假如从一批产品中抽取 n 个样品，寿命数据为 $t_1, t_2, \cdots, t_n$，则这批产品的平均寿命可估算为

$$\theta = \frac{1}{n} \sum_{i=1}^{n} t_i \tag{6-7}$$

寿命方差估计值为

$$\sigma^2 = \sqrt{\frac{1}{n} \sum_{i=1}^{n} (t_i - \theta)^2} \tag{6-8}$$

对于不可维修产品，平均寿命是指从开始投入工作到产品失效的时间的平均值，也称为平均失效时间（MeanTime to Failure，MTTF）；对于可维修产品，平均寿命是指两次故障间隔的平均值，被称为平均故障间隔时间（MeanTime BetweenFailures，MTBF）。

2. 可靠寿命

可靠度 R 所对应的工作时间 t_r 被称为可靠寿命。其中 r 是指可靠性水平，满足 $R(t_r) = r$，当寿命分布服从指数分布时，即

$$R(t_r) = r = e^{-\lambda t_r} \tag{6-9}$$

可得到

$$t_r = -\ln(r)/\lambda \qquad (6-10)$$

当平均寿命已知时,可求得任意可靠度下指数分布的可靠寿命。可靠性水平 $r=0.5$ 时,产品寿命为中位寿命。产品寿命等于平均寿命时,被称为特征寿命。可靠寿命、中位寿命和特征寿命如图 6-2 所示。

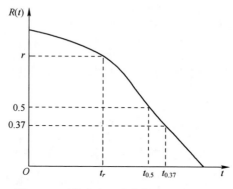

图 6-2 可靠寿命、中位寿命和特征寿命

6.1.3 可修复产品的维修指标

对于可修复产品,可以通过维修性、维修度、平均修复时间等来描述可靠性。

1. 维修性和维修度

维修性是指在规定条件、时间、程序、方法等约束条件下进行维修,保持或恢复到能完成规定功能的能力。维修度是指在规定条件下维修,保持或恢复到能完成规定功能状态的概率。维修度是时间的函数,记为 $M(t)$。由于每次修复产品的实际消耗时间 τ 是一个随机变量,因此产品的维修度可定义为不超过规定时间 t 的概率,即

$$M(t) = P(\tau \leq t) \qquad (6-11)$$

式中,t 为维修规定时间;τ 为修复实际时间。$M(t)$ 表示从 $t=0$ 开始到某一时刻 t 以内完成维修的概率,是对时间 t 的累积概率,是时间 t 的非降函数。维

修规定时间 t 的概率密度函数 $m(t)$，也是单位时间内产品被修复的概率。

$$m(t) = \frac{\mathrm{d}M(t)}{\mathrm{d}t} \qquad (6-12)$$

2. 维修率

维修率是指修理时间已达到某时刻 t 时，尚未修复的产品在 t 以后的单位时间内完成修复的概率，也是时间的函数，记为 $\mu(t)$。维修率与维修度的关系为

$$M(t) = 1 - \exp\left[-\int_0^t \mu(t)\right]\mathrm{d}t \qquad (6-13)$$

3. 平均修复时间

产品的平均修复时间 MTTR（Mean Time To Repair）是修复时间的平均值，即产品由故障状态转为工作状态时修理时间的平均值，产品的特性决定了平均值的大小。平均修复时间包括故障检测、故障隔离、更换故障件、调校、检验等时间，不包括由于管理或后勤供应的延迟时间。在离散状态下，平均修复时间表示为

$$\mathrm{MTTR} = \frac{1}{n}\sum_{i=1}^{n}\Delta t_i \qquad (6-14)$$

式中，Δt_i 为 n 次故障的总修复时间。在连续分布情况下，平均修复时间为

$$\mathrm{MTTR} = \int_0^\infty tm(t)\mathrm{d}t = \int_0^\infty G(t)\mathrm{d}t \qquad (6-15)$$

不可修复度为

$$G(t) = 1 - M(t) = P(\tau > t) \qquad (6-16)$$

通过各种可靠性指标（特征量）来表征系统的可靠性变化，同时通过不同阶段可靠性来判断系统的运行特性，以此为基础进行风电机组部件的运行和维护，可有效控制风电机组的运维成本，提高风电场的整场效益。

6.2　海上风电机组故障分类

风电机组是捕捉风能并将之转换为电能的系统。由于风能的波动大，不确定性高，风电机组各部件承受的载荷波动性大，加上风电机组运行环境恶劣，因此风电机组时常发生故障。下面根据故障发生位置，对各组件的故障表现及故障原因等进行说明。

6.2.1　叶片和变桨系统故障

1. 叶片故障

叶片故障主要有叶片覆冰、叶片开裂、叶片疲劳、叶片砂眼与雷击故障等[1]。

（1）叶片覆冰

在寒冷地区常发生不同程度的叶片覆冰故障，给风电机组造成巨大影响，如图6-3所示。当风电机组在温度过低、湿度较大的环境下运行时，叶片边缘部分容易覆冰，风电机组停机时，整个叶片都有可能覆冰。

图6-3　叶片覆冰[2]

叶片覆冰会改变叶片气动阻力和叶片质量分布，影响叶片的平衡，使风电机组的输出功率降低。有调查显示，叶片覆冰会导致风电机组平均功率减少四分之一，并使功率的标准差减少为实际值的一半。叶片覆冰后会增加叶片的弯矩，增加叶片的疲劳载荷，加剧风电机组的疲劳损伤，缩短叶片的使用寿命，并有可能改变叶片的固有频率[1]。

（2）叶片开裂

风电机组运行时，叶片树脂胶衣持续被风沙抽磨，在一定运行年限后，会产生叶片内黏合面积不匀、受力点不均的问题，容易导致叶片开裂。叶片频繁的弯曲振动和扭转振动等也会导致叶片内黏合处自然开裂。在通常情况下，叶片迎风面叶脊处是最容易产生开裂的部位，开裂受损程度最严重。由于四季温差较大，环氧树脂随季节发生收缩膨胀的循环变化，容易导致叶片的蒙皮发生收缩开裂。蒙皮开裂后，雨天时，雨水会进入叶片内部，导致骨架材料吸湿性能降低，从而引发叶片结构断裂[1]。

（3）叶片疲劳

风电机组在运行过程中会承受很多循环施加的疲劳载荷，造成叶片疲劳失效。疲劳载荷幅值虽然一般不会达到叶片结构材料所能承受的强度极限，但是由于作用的循环次数多，因此容易导致叶片疲劳损坏。在安装风电机组时，由于安装角度偏差或桨叶角度偏差等问题，会导致叶片不平衡，降低叶片疲劳应力极限[1]。

（4）叶片砂眼与雷击故障

砂眼故障是一种叶片表面保护层逐渐消失导致叶片缺陷的故障。由于叶片在盐雾、高温、高湿等恶劣环境下暴露运行，当叶片表面的胶衣层发生破损后，在盐雾的侵蚀作用下，容易出现布满细小砂眼的麻面。砂眼形成后，砂眼的演变速度会不断加快，使叶片失去保护层，最终会发展成通腔砂眼。在雨季，通腔砂眼容易造成叶片进水，使叶片内部湿度不断增大，导致叶片防雷系数降低，进而导致雷击叶片事故的发生[1]。

2. 变桨系统故障

变桨系统故障主要有变桨角度有差异、变桨电机故障、变桨齿轮故障、变桨轴承故障及变桨控制系统故障等[3]。

6.2.2　主轴承故障

1. 故障形式

由于风电机组工作环境恶劣，工况复杂多变，运营周期长，运转时间不定，风电机组滚动轴承在运行过程中极易出现因各种原因所引起的故障，如在装配、油封、维护等操作过程中操作不当等人为因素导致的各种故障，以及过载、长期运行等非人为因素导致的故障。因此，在对滚动轴承进行监测诊断前，了解其故障形式和故障原因是很有必要的。滚动轴承的主要故障形式有疲劳磨损、疲劳剥落、腐蚀、塑性变形、胶合、断裂、保持架变形损坏等[4]。

2. 故障特征

滚动轴承无论正常运转还是损伤运转，只要受到外部激励作用，均会产生振动，当达到一定振动频率时，会产生共振现象，此时的频率被称为滚动轴承的固有特征频率。滚动轴承各部件的固有特征频率会伴随着滚动轴承使用过程中的每一个阶段，一旦滚动轴承生产出来，那么它的固有特征频率就会确定下来。滚动轴承的固有特征频率只与自身结构有关[4]。

3. 故障机理

滚动轴承故障的原因很多，除了正常的疲劳剥落，还有密封失效、轴承间隙过小或润滑不良等诸多因素都能引发故障，通常可依据滚动轴承的故障类型大致判断故障原因，从而提前采取相应措施预防以及在发现故障时及时修复。一般来说，在滚动轴承故障中，约有三分之一是因为滚动轴承已经到了疲劳剥落期，属于正常失效；还有三分之一是因为润滑不良导致提前失效；另外的三分之一是由于污染物进入轴承或安装不正确而造成失效，污染物进入滚动轴承或滚动轴承安装不正确导致润滑不良，引起发热失效。因此，滚动轴承的寿命在很大程度上取决于润滑状态。滚动轴承损伤有很大比例归因于润滑不当，润滑不当有以下几种类型[5]。

(1) 注油过量

在运行过程中，注入过量的润滑油会因润滑油过度搅拌而过热。随着温度的升高，油脂氧化（失效）速度会成倍上升。润滑油过量也很容易产生泄漏。

(2) 注油不足

润滑油不足不能及时带走轴承工作时产生的热量，导致滚动轴承过热，加速磨损。

(3) 润滑油选择不当

不同润滑油的密度、黏度等性能参数存在差异。不同滚动轴承对润滑油的要求不同，选用不合适的润滑油可能造成润滑不良，缩短滚动轴承的使用寿命。

(4) 润滑油变质

润滑油是添加剂、基础油等的精确组合，长时间使用后会逐渐改变性质，即密度、黏度和添加剂比例等均会改变，导致润滑油变质，润滑不良。

(5) 水污染

被水污染的润滑油在滚动轴承金属接触面不易形成油膜，不能及时带走热量，当油膜被破坏时，将产生摩擦，加速滚动轴承老化。此外，润滑油混水会锈蚀所有与其接触的部件，危害整机安全。

(6) 杂质污染

润滑油中的硬质颗粒物会加速滚动轴承的磨损,增加表面粗糙度,导致发生早期剥落,在磨损过程中,滚动线以外的区域磨损更严重,导致在滚动线上出现两个显微波峰,形成应力集中的早期区域,加速疲劳失效,缩短寿命。

(7) 安装不正确

滚动轴承的正确安装对使用有很大影响,间隙太大会导致转子轴向窜动,加速轴承圆根磨损;间隙太小会造成润滑不良、发热磨损等。

6.2.3 偏航系统故障

1. 偏航制动装置磨损

偏航系统的运行承载着整个机舱,为了保证平稳旋转,需要在制动装置上施加一定的载荷约束,吸收微小的运行波动,保证偏航动作的稳定性。偏航制动装置磨损包括偏航制动盘磨损与刹车片磨损[6]。

2. 偏航齿轮箱故障

偏航齿轮箱故障包括偏航齿轮箱磨损、偏航齿轮箱断齿等[7]。

3. 偏航齿轮故障

偏航大齿及驱动齿断裂均会导致偏航齿轮故障。偏航齿轮故障往往会引起异常噪声。

4. 偏航轴承故障

偏航轴承主要采用 4 点接触球轴承,故障形式以滚道与钢球失效为主[8]。

5. 偏航驱动装置故障

偏航驱动装置主要包括偏航驱动器、偏航驱动减速机和偏航电机等多个机械部件,主要故障包括摩擦异常、电机损坏等[8]。

6.2.4 齿轮箱

齿轮箱由齿轮、滚动轴承、轴、箱体、紧固件和油封等部件构成,结构复杂,且工作条件通常较为恶劣,加上制造安装误差、载荷变动和润滑不良等因素,各部件容易发生故障。据统计,在旋转机械故障中,齿轮箱故障大约占10%左右;在传动故障中,齿轮箱故障大约占80%左右。在齿轮箱内部,各类部件故障的占比为:齿轮故障占比为60%,滚动轴承故障占比为19%,轴故障占比为10%,箱体故障占比为7%,紧固件故障占比为3%,油封故障占比为1%。由上述统计数据可知,齿轮故障占齿轮箱故障的比重最大,其次是滚动轴承故障,两类故障相加占齿轮箱故障的80%左右。因此,齿轮箱故障主要是由齿轮和滚动轴承故障引起的[9]。其中,滚动轴承的故障类型及其原因与6.2.2节介绍的主轴承故障类似,在此不再赘述。

1. 齿轮故障

(1) 故障形式

由于制造安装误差和动力冲击等原因,齿轮在使用过程中会产生失效,从而导致齿轮失去原有的功能。齿轮常见的失效形式包括齿面磨损、齿面胶合和擦伤、齿面接触疲劳和断齿[9]。

(2) 齿轮故障机理

风电机组所用齿轮箱为行星齿轮箱,通常由三级以上齿轮副组成,各级齿轮副的工作转速和转矩相差较大,故障率有所差别。齿轮箱工况复杂,载荷易突变，工作环境恶劣，使故障率进一步增加。风电机组齿轮损坏的主要原因有技术欠缺、载荷复杂、环境恶劣、润滑异常等[5]。

2. 传动轴故障

齿轮箱轴的失效类型主要有磨损、变形和断裂。齿轮箱轴的磨损主要是由于轴与轴承之间发生相对运动造成的。齿轮箱中大齿轮同心轴的转速慢，转矩大，转速随风速变化，最容易发生变形故障。轴断裂一般是由于过载所致的，轴承故障、急停等也可能导致轴出现断裂故障[5]。

3. 润滑故障

润滑对齿轮和轴承的正常运行至关重要，当润滑出现问题时，往往导致齿轮和轴承的故障。润滑故障分为润滑油故障和润滑系统故障[5]。

4. 其他部件故障

除上述主要结构外，齿轮箱中，如密封装置、冷却系统、传感器、空气过滤器、电加热器等子系统也有多种故障形式[5]。

6.2.5 发电机和变流器故障

1. 发电机故障

发电机故障主要分为电气故障和机械故障两大类[10]。

(1) 电气故障

按照发电机的子系统划分，发电机的电气故障包括定子故障、转子故障和冷却系统故障。

● 定子故障。

定子故障主要有定子绕组过热、定子铁芯缺陷、绝缘损伤和接地等，主要由振动、磨损、腐蚀等非人为因素和制造安装维护过程中操作不当等人为因素引起，可能造成过热、短路，严重时可造成烧损甚至爆炸。

● 转子故障。

转子故障分为转子绕组故障和转子本体故障。转子绕组故障主要是有绕组接地、匝间短路、绕组断线等。转子本体故障主要有弯曲、裂纹、套件松动、疲劳、扭振损伤等，多由磨损、振动、过热、电网突变等导致。

● 冷却系统故障。

冷却系统故障主要有定子和转子冷却系统的泄漏和堵塞故障，原因有冷却管道材料缺陷、安装不当、振动、冷却介质含有杂质等。冷却系统故障的结果是冷却效率下降，导致温度升高、结构过热、绝缘烧损。

(2) 机械故障

机械故障主要是指由发电机机械结构产生的故障，包括转子本体及其支撑结构故障、发电机机架及其基础连接部分的故障等。转子本体故障主要有转子不平衡、不对中、转子裂纹、套件松动等。支撑结构故障主要有滚动轴承失效、油膜轴承的油膜失稳等。机架和基础故障主要有机架开裂、基础松动、结构共振等。

2. 变流器故障

风电机组变流器故障主要为内部 IGBT 开路和短路故障。短路故障通常是由过高的电压或电流引起的。发生短路故障时，电流急剧增大，一般需紧急停机以保证系统安全。IGBT 开路故障通常由过电流导致元器件被烧毁、接线不良、驱动端断线等引起。开路故障会使电能质量降低、谐波增加，同时使变流器内的其他 IGBT 电流增大，发热量增大，导致整个变流器燃烧损坏[11,12]。

6.2.6 其他故障

1. 制动系统故障

风电机组的制动系统主要由制动钳、制动盘、闸瓦、连接管路等组成。制动盘安装在齿轮箱高速端的输出轴上。制动钳和制动器的液压站分别安装在齿轮箱尾部的安装面上。

制动钳用于提供制动力矩，发生故障时会影响制动效果，使制动动作过慢、制动力矩下降，最终影响制动停机。电磁阀未处于工作位置或油压不足时，会导致制动钳不能抬起。系统中有空气时，安全阀压力过低，制动盘与轴瓦之间间隙过大，压力油黏度大等均会导致制动钳动作过慢。载荷过大或速度过高、制动盘或衬垫被油脂等污染、弹簧位置不正确或损坏、旋转部分松动等均会导致制动时间距离过长、制动力矩不足。刹车盘与摩擦片配合制动，发生故障时，会使刹车盘出现磨损损伤，影响制动，最终影响停机。冲击力过大或材料不均匀是主要故障原因。闸瓦用于配合制动。制动钳抬起位置不正确或闸瓦安装不当均会导致闸瓦磨损，使制动力矩下降，影响制动。衬垫配合制动器安装，制动器安装未对正会导致衬垫磨损，使制动力矩下降，影响制动。制动器密封圈安装不当，会导致密封损坏，引起内部泄漏，导致机械磨损，影响制动[13]。

2. 液压系统故障

液压系统故障主要表现为动作不正常、流量不对、压力不对、噪声过大、过热、污染失效等[13]。

动作不正常有以下几种原因：比例阀不工作，会导致系统没有动作；流量不足，油液黏度高，比例阀卡涩，泵、阀缸等磨损或损坏等，会导致系统动作过慢；流量过大或比例阀位置反馈失灵，会导致系统动作过快；溢流阀磨损，油中有空气，泵、缸磨损，比例阀卡涩，比例阀位置反馈失灵，比例阀指令不规则等，会导致系统动作不规则。

流量不对有以下几种原因：电机不工作、转动方向不对，泵与连轴器打滑，泵未得到油液，泵损坏等，会导致系统没有流量；溢流阀定值过低，泄压阀泄漏或没有关闭，电机转速小，泵、阀缸等磨损或损坏等，会导致系统流量不足；溢流阀定值过高，电机转速大，泵选型有误等，会导致系统流量过大。

压力不对有以下几种原因：没有流量会导致没有压力；溢流阀定值过低，泄压阀泄漏或没有关闭，电机转速小，泵、阀缸等磨损或损坏等，会导致压力过低；溢流阀定值过高，溢流阀损坏，会导致压力过高；溢流阀磨损，油中有空气，泵、缸磨损，蓄能器失效等，会导致压力不稳。

噪声主要来自泵、溢流阀和马达：气蚀、油中混有空气、泵磨损或损坏、比例阀没有信号等，会导致泵噪声大；溢流阀设定值太低或接近另一阀的设定值，阀芯或阀座磨损等，会导致溢流阀噪声大；连轴器未对正、连轴器损坏或磨损会导致马达噪声大。

油液和溢流阀过热都会导致系统过热。系统压力过高、油液脏或液位低、油液黏度不对、冷却系统故障、泵等部件损坏等均会导致油液过热。油液过热、溢流阀定值不对、阀磨损或损坏等均会导致溢流阀过热。

换向阀由于污染物，因此在压力作用下被推进间隙，导致润滑油油膜被破坏或阀芯卡涩，会导致换向阀失效。压力控制阀内表面被悬浮在高速液流中的杂质磨损是压力控制阀的常见故障。流量控制阀节流口的形状是决定控制阀污染耐受度的重要因数。齿轮泵也容易被杂质污染，导致失效。

3. 海缆故障

海缆故障主要表现为绝缘破坏、对地击穿放电[14]。其原因一般是由内因和外因两方面引起的。内因主要包括材料老化、树枝缺陷等因素，如材料热老化击穿，电、水树枝老化击穿等，产品自身内部缺陷也是内因之一。外因主要包括过电压击穿、自然因素破坏、人为因素破坏等因素导致金属阻水护套丧失阻水功能等。自然因素破坏主要有生物破坏、地震破坏、化学腐蚀破坏、疲劳老化破坏等。人为因素破坏主要有钻井破坏、疏浚破坏、海底管道电缆铺设破坏、渔具破坏、锚害破坏和其他破坏等[14]。

6.3 海上风电机组状态监测技术

状态监测是以设备领域科学和信息科学为基础的多学科交叉与融合的工程技术。从信息科学角度看，它是伴随着电子技术、计算机技术、传感器技术、现代控制理论、现代信号处理技术、人工智能技术、网络通信技术、现代设计与测试理论等的发展而发展的[15]。风电机组状态监测流程如图6-4所示。

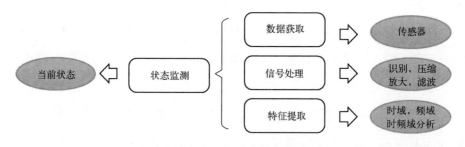

图6-4 风电机组状态监测流程

通过安装在设备上或设备附近的传感器进行信号采集。传感器信号经过调理、传输和采样后送入信号处理模块，去掉冗余信息后，获得状态特征量，再将状态特征量送入状态辨识模块，获得辨识结果后，送入监测与诊断决策模块进行综合决策，最后输出设备诊断结果。信号处理、状态辨识及监测与诊断决策一般由计算机系统或专用仪器设备完成。

状态监测与故障诊断系统的支撑技术有：

- 在设备故障机理方面，需要设备动力学及相关数学、力学、物理、化学等理论基础的支持。故障机理是指引起设备故障的物理、化学变化等的内在原因、规律及其原理。通过故障机理分析，才能确定合适的状态特征参数，从而设定标准征兆群，并选择较好的辨识方法。因此故障机理分析是能否正确预定对象，实施监测与诊断的基础。

- 在信号感知方面，需要新型传感器与信号采集技术的支持。信号采集是通过安装在设备上或设备附近的传感器来实现的。风电机组传感器布置示意图如图6-5所示。传感器的选择以最能反映设备状态变化为原则，必要的时候要考虑传感器的冗余。有时为了提高故障诊断的精确性，需要采用不同类型的传感器从不同侧面来拾取反映设备状态变化的信息。各种传感器的信息可能具有不同的特征，可以运用多传感器信息融合技术，把多个传感器的冗余或互补信息依据某种准则来组合，以获得被监测对象的一致解释或描述，使该诊断系统由此获得比各组成部分的子集所构成的系统更优越的性能。多传感器信息融合技术的基本方法包括加权、平均法、卡尔曼滤波、贝叶斯估计、统计决策理论、证据推理、粗集理论、具有置信因子的产生式规则、模糊逻辑、神经网络和模糊模式辨识等。

- 在信号转换方面，需要经典信号处理与现代信号处理技术的支持。信号分析的目的是改变信号的形式，便于识别，提取有用的信息，对所研究的状态信息做出估计和辨别。滤波技术、频谱分析技术是传统的信号分析方法，近年来出现的数字滤波技术、自适应滤波技术、小波分析技术等，大大丰富了信号处理的内容。以频谱分析为例，方法有

FFT 分析、倒谱分析、短时傅里叶变换、维格纳（Wigner）分布、小波分析、局域波分析、基于分形几何的分析法、基于模糊技术的方法等。尤其后面 4 种是近几年才发展起来的，每一种新技术在设备诊断中的应用，都是对设备故障诊断技术的一次重大推动。

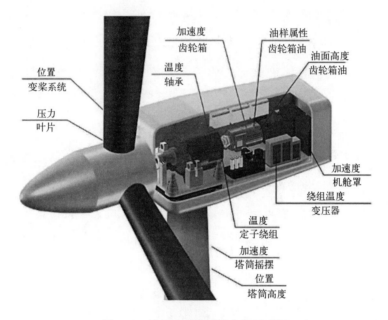

图 6-5　风电机组传感器布置示意图

- 在状态判别方面，需要辨识与决策技术的支持。状态辨识及监测与诊断决策是一个整体，目前正在研究并应用的典型诊断方法有基于贝叶斯决策判据及基于线性与非线性判别函数的模式识别方法、基于概率统计的时序模型诊断方法、基于距离判据的模式识别方法、模糊诊断原理、灰色系统诊断方法、故障树分析法、小波分析法、混沌分析与外形几何方法等。随着人工智能的发展，还出现了许多智能诊断方法，如模糊逻辑、专家系统及神经网络等。

6.3.1 用于状态监测的信号及检测技术

1. 振动

振动监测是风电机组状态监测中的主要监测技术。振动信号的振幅可以指示故障的严重程度。其中，振动传感器通常安装在齿轮箱、发电机、主轴和轴承及叶片表面的外壳上。振动传感器的主要类型包括加速度传感器、速度传感器和位移传感器（见图6-6）。加速度传感器的最大工作频率范围为1Hz~30kHz。相比之下，速度传感器的工作频率范围为10Hz~1kHz，位移传感器的工作频率范围为1~100Hz。加速度传感器工作频率范围宽，在状态监测中广泛使用。从加速度传感器获得的信号包含由故障引起的重力分量的加速度信息。位移传感器用于诊断导致风电机组部件低频振动的故障。用于振动监测的主要部件有齿轮箱、轴承、转子和叶片、发电机、塔架、主轴等。例如，振动信号中1P频率分量的幅度提供了风轮不对称性的度量。

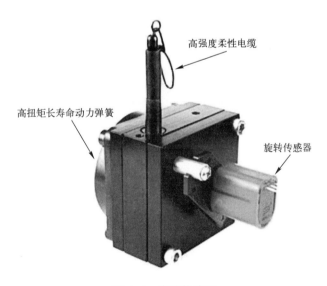

图6-6 位移传感器

ISO 10816定义了振动传感器的安装位置和使用,虽使部件故障的判断更加容易准确,但也增加了布线的复杂性和该技术的成本,同时振动传感器很难安装在风力涡轮机部件的表面或掩埋在风力涡轮机部件的主体中。此外,传感器和数据采集设备也不可避免地会出现故障。传感器故障可能会进一步引起风电机组控制、机械和电气系统故障,导致系统可靠性的额外问题及额外的运维成本[16,17]。

2. 声发射

材料在外载荷或内力作用下以弹性波的形式释放应变能,被称为声发射,可以使用一个或多个声发射传感器定位声发射源,从微小结构变化中获得的信号,表明存在早期结构上的损伤或缺陷。压电传感器和光纤位移传感器通常用于声发射检测,可以检测以50kHz~1MHz的高频振动为特征的故障。从安装在叶片上的声发射传感器获得声发射波形的变化可用于检测早期叶片故障,如疲劳、刚度降低、裂纹和表面粗糙度增加等。此外,使用声发射波形特征(如振幅、上升时间等)可预测何时何地会发生损坏,确定损坏的位置,并监控和预测损坏如何发展并导致故障。同时,声发射也应用于齿轮箱、轴承、轴和叶片的故障检测。

声发射信号有很高的信噪比,可用于高噪声环境。与振动信号相比,声发射信号具有更高的工作频率,在损坏或故障发生之前对早期缺陷或故障诊断更有效。这种技术的一个缺点是,它通常需要安装大量的声发射传感器,且每一个声发射传感器均需要一个专用的数据采集系统来进行信号传感、处理和传输,增加了成本和技术复杂性。

3. 应变

应变是一种重要的结构健康监测技术。在风电机组状态监测中,通常使用光纤应变传感器进行测量,应变传感器通常安装在叶片表面或嵌入叶片层中，所测得的应变信号可用于检测叶片的结构缺陷或损坏、叶片结冰、质量不平衡或雷击，同时也应用于塔架的监测。

应变测量的优点：第一，应变测量对小的结构变化很敏感，对风力发电机叶片的早期故障检测很有效；第二，与基于振动、声发射和电信号的监控技术相比，基于应变测量可以在较低的采样速率下运行；第三，光纤应变传感器的测量值不会随时间或较长的传输距离而降低；第四，光纤传感器是无源传感器，不需要外部电源。然而，光纤应变传感器在风电机组监测应用中仍然存在挑战：首先，其准确性要求传感器应始终连接到被监测的材料上（侵入式）；其次，材料的变形程度不应超过传感器的物理限制，否则会导致传感器和材料分离，传感器将无法提供准确的测量值，甚至会损坏。此外，类似于振动和声发射监测，应变监测的实施也会增加成本和技术复杂性，并且受到传感器可靠性问题的影响。

4. 扭矩和弯矩

通过旋转扭矩传感器测量扭矩信号，通过反作用扭矩传感器测量弯矩信号。扭矩传感器通常安装在转子、齿轮箱、发电机等部件上。扭矩也可以通过发电机的电输出计算。

通过分析风电机组塔架所承受的扭矩，可以区分不同形式的空气动力不对称。例如，在斜风中运行的风电机组，其叶片的表面粗糙度会导致塔架扭矩谱1P和2P频率的变化。P振幅可以作为风轮缺陷的指标。扭矩也可以用来检测传动系统中的故障。检测风电机组中的发电机故障时，风速的变化会激发一系列谐波，可通过传动系统中扭矩传感器的信号判断。风轮不平衡和气动不对称会导致风电机组塔架二阶摆向弯矩显著增加。

基于扭矩和弯矩信号的技术局限性和缺点类似于基于振动信号的方法。测量部件内的应变时，需要额外空间安装传感器，增加成本和技术的复杂性，以及传感器可靠性的问题。此外，当故障发生时，相关扭矩信号是故障信息调制信号，主要成分与负载相关。在这种情况下，使用扭矩信号进行故障诊断将需要比使用振动信号更复杂的信号处理技术。因此，在风电机组中，扭矩传感器不像振动传感器那样常用于故障诊断。

5. 温度

温度测量是风电机组监测最常用的方法之一。在正常运行条件下，风电机组部件的温度不应超过特定值。温度测量可以提供风电机组健康状况的信息。温度监测使用的传感器通常有光学高温传感器、电阻温度传感器及热电偶，主要用于齿轮箱、发电机、轴承和变流器的温度测量。例如，通过测量齿轮箱温度实现对齿轮箱和轴承的状态监测。变流器通常通过监测冷却剂温度、半导体模块外壳温度反映运行状态。

基于温度测量的监测有一定的缺点。监测区的温度升高可能是由多种因素造成的，可能很难确定温度变化的来源和根本原因。例如，如果热传感器安装在热交换器上，附近部件的故障也可能导致热交换器温度升高。因此，温度升高只能指示风电机组中可能有故障，不能指示哪个部件有故障。此外，嵌入式热传感器会干扰被监控系统，并且在恶劣环境中非常脆弱。

6. 润滑油参数

润滑油监测技术主要是监测油参数，如黏度、氧化情况、水含量或酸含量、颗粒计数、机器磨损情况及温度。通过分析这些参数，可以监测油的污染和降解过程，揭示相关部件的健康状况，并在早期检测部件的缺陷，通常用于齿轮箱、发电机和轴承的监测。基于润滑油参数的状态监测技术可分为离线技术和在线技术。离线油液状态监测是目前风电行业所采用的主要方法，由于需要定期取样，例如每六个月取样一次，因此不能及时检测两次取样操作之间发生的故障。此外，当工作平台运行时，会很难取样。在线油液状态监测通过使用油液传感器（如黏度计、液位传感器、颗粒计数器和温度计）实时监测油液状态，克服了离线监测的缺点。然而，附加传感器的安装会增加监测系统的成本。此外，并非所有的油参数都可以使用油传感器实时监控。由于风电机组的运行条件对油参数有各种影响，因此很难正确解释在线油液监测的实时测量值。

7. 电信号

从风电机组中发电机和电动机端子获取的电压和电流信号可诊断电气故障。例如，电信号中某些谐波的幅度可用于在早期检测电气故障；风电机组部件中的机械故障或结构缺陷通常会导致部件振动。由于发电机和故障部件之间的机电耦合，由故障引起的振动将调制发电机的电信号。因此，电信号将包含与故障相关的信息，可有效用于诊断风电机组的机械故障或结构缺陷。

电信号已经用于现有的风力发电控制和保护系统，不需要额外的传感器或数据采集设备。因此，基于电信号的故障诊断几乎不需要额外成本，易于实施。电信号中与故障相关的分量用基波和谐波分量调制。基波和谐波分量与非平稳轴转速成比例。电信号中的小波变换故障特征通常是非平稳的，识别故障特征需要复杂的信号处理算法。

8. SCADA 系统

数据采集与监视控制系统（Supervisory Control And Data Acquisition，SCADA）已被安装在许多由主要制造商生产的风电机组中，以下简称 SACDA 系统。典型的 SCADA 系统以几秒到 10min 的时间间隔记录数据（如温度、电流、电压、功率、转子速度、风速等）的统计特征（如平均值、最大值、最小值及标准偏差）。在每个间隔期间，通过风电机组中各种传感器收集数据，通过适当的算法，SCADA 系统信号可以用于风力发电机的状态监测、故障诊断及风电机组剩余使用寿命的预测。此外,SCADA 系统不需要额外的传感器或数据采集设备,如转矩、振动等,因此用于风电机组的状态监测和故障诊断具有很好的成本效益。

大多数风电机组故障的详细信息(如位置和模式)无法对 SCADA 系统的信号频率或时频分析进行诊断。目前,监控和数据采集系统信号主要用于基于模型方法和预测方法对风电机组进行状态监测和故障预测。

9. 无损检测技术

无损检测技术,如超声波扫描、红外热成像、X 光检测和敲击测试,可用于检测复合材料中的隐藏损伤,主要用于风电机组中叶片的故障诊断[17]。

超声波扫描是工业中最常用的无损检测技术,可以检测风电机组中叶片的内部结构是否存在损伤(如分层)。红外热成像是对表面热量分布的测量,通过监测叶片不同区域的温差来检查健康状况。X 光检测可以穿透复合材料,揭示材料的结构变化,检测风电机组部件结构中的缺陷。敲击测试,即当敲击叶片时会发出声波,可用于诊断蒙皮层压板和叶片主翼梁之间是否剥离。

无损检测技术具有检测早期故障和监控故障传播的能力,其实施通常需要昂贵的仪器。此外,大多数无损检测技术采用的都是侵入式离线技术,需要停机进行,并需要专业人员操作仪器进行检测。

10. 腐蚀监测技术

由于海上风电机组的基础通常为钢架结构,因此钢架的腐蚀监测越来越重要。目前腐蚀监测常用以下两种方法。

电阻法:把电阻探针插入管线,与介质完全接触,电阻探针的参数变化量可折算成金属损失(金属失重即发生腐蚀)。一个具有固定质量和形状的传感器,其横截面积随腐蚀而变化,电阻读数将随之变化。这个变化量与一个未被腐蚀的传感器参数相比较，可表达为一个比率，则比率的变化就是腐蚀速度的变化。

电流法：也称为极化电阻（LPR）法，是指利用金属材料在腐蚀介质中发生电化学极化行为，将电化学探头（三电极组装）安装在腐蚀环境中后，测量电化学响应，计算极化电阻，再根据理论计算得到的换算系数，计算腐蚀电流（腐蚀速度），实现对腐蚀速度的监测。

6.3.2　风电大数据平台

风电大数据平台通过收集风力发电场的监控数据，依据风力发电场的运行管理特点，以实时数据为基础，集运行管理、设备与检修管理、物资管理、运行状态监测、安全管理、智能统计分析为一体，可实现风力发电场生产运行科学管理、流程管理、跟踪管理及目标管理的需求，达到企业规范化、精细化、数字化和集成化管理的目标，通过对整合数据的过滤和预处理，以数据仓库形式永久储存数据。基于数据仓库能够分析出与客户业务相关的分析、预测等数据集市信息，最终通过数据展示、挖掘、共享等方式服务于风电企业管理层和领导层，提高风电企业的运行效率，节约运行成本。

风电机组故障、监测信号和信号处理方法见表 6-1。

表 6-1　风电机组故障、监测信号和信号处理方法

部件	故障/缺陷	监测信号	信号处理方法
风轮	疲劳	振动	希伯尔变换
	裂纹	声发射	同步采样
	表面粗糙	应变	FFT
	不对称	转矩	小波变换
	刚度降低	电信号	模型方法
	变形	无损检测	人工智能

续表

部件	故障/缺陷	监测信号	信号处理方法
传动链	齿轮磨损 齿轮裂纹 齿轮断裂	振动 声发射 转矩 电信号 温度 油参数	希伯尔变换 同步采样 FFT 统计 模型方法 人工智能
轴承	表面粗糙 疲劳，裂纹，断裂 内/外环 滚球 保持架	振动 声发射 电信号 温度 油参数	希伯尔变换 同步采样 FFT 模型方法 人工智能
主轴	腐蚀 裂纹 错位，联轴器故障	振动 转矩 电信号	同步采样 希伯尔变换 FFT
液压系统	漏油 滑阀堵塞	压力	阈值比较
机械刹车	制动盘/制动钳磨损 制动盘裂纹 液压部分故障 电动机失灵	振动 温度 电信号	统计 FFT 模型方法 阈值比较
塔筒	腐蚀 裂纹 结构损伤	振动	FFT 模型方法
发电机	开路/短路 绝缘损坏 不平衡 转子棒断裂 曲轴	振动 转矩 温度 油参数 电信号	同步取样 希伯尔变换 包络分析 统计 FFT

续表

部件	故障/缺陷	监测信号	信号处理方法
发电机	轴承损坏 气隙偏心率 磁铁故障 转子质量不平衡	所有相关信号	小波转换 模型方法 阈值比较 人工智能
变流器	电容器 电路板 半导体	温度 电信号	统计 模型方法 阈值比较 人工智能
传感器	传感器 数据处理硬件 通信 软件故障	所有相关信号	统计 模型方法 人工智能
控制系统	传感器 执行机构 控制器 通信 软件故障	所有相关信号	统计 模型方法 人工智能

6.4 海上风电机组故障诊断技术

风电机组部件多，可能发生故障的位置多、分散，故障种类复杂，内部空间狭小，不利于在运维时通过额外设备进行故障诊断，为故障诊断带来巨大挑战。基于传感器和 SCADA 系统故障诊断技术的发展，有利于风电机组的高效运维和在线故障诊断，可实现风电场无人值守，对海上风电发展具有重要意义。

6.4.1　海上风电机组故障诊断技术概述

海上风电机组故障诊断技术从思路上可分为根据运行方式正向预测故障和根据故障表现反向诊断故障，由此发展为基于模型的风电机组故障诊断技术和基于信号的风电机组故障诊断技术。

基于模型的风电机组故障诊断技术通过建立部件数学模型，将不同故障加入模型中，从而观测模型响应，准确性依赖于模型的准确性，需要对风电机组的运行、故障响应等有准确的把握。基于模型的风电机组故障诊断技术对简单部件具有较好的应用空间，对于风电机组这样多部件、强耦合的复杂系统，直接建立完整的基于模型的故障诊断技术有很大挑战。

基于信号的风电机组故障诊断技术利用传感器采集部件的振动信号等物理信号，通过分析信号变化实现故障诊断，本质是故障特征识别问题，准确性依赖于对故障特征信号的提取。根据统计，导致风电机组单次故障停机时间较长的故障主要为传动链上的故障。许多学者在风电机组传动链的故障诊断领域做了大量工作。

在传动链上采集的信号以振动信号为主，对振动信号进行特征提取的传统方法大致可分为三类：时域分析方法、频域分析方法和时频域分析方法。

- 时域分析方法虽然简单直观，但只能对少数几种类型的明显故障进行预测，易受噪声干扰，局限性大[18]。
- 频域分析方法较为典型的有频谱分析、倒频谱分析、包络分析等。
- 时频域分析方法应用较广的有小波分析、经验模态分解、变分模态分解等。

这些特征提取方法往往需要人最终识别故障类型。随着技术的进步，故障智能诊断技术得到了长足发展，可以自行识别故障类型。故障智能诊断技术的大致流程可概括为特征提取-故障模式识别，准确性除依赖于特征信号外，还依赖于故障模式识别的准确性。以支持向量机、神经网络、模糊C均值聚类算法等为代表的智能算法可实现对故障模式的分类，再结合粒子群算法、引力搜索算法等优化算法进行迭代，可实现对故障模式的快速识别[19-24]。

传动链中的故障绝大多数都是旋转部件故障，在实际工作中受工况、载荷变化等影响，采集到的信号是非平稳变频信号。阶次分析是处理非平稳变频信号的最有效方法之一，能识别和分离与转速相关的故障信号。将阶次分析方法和特征提取方法结合可有效处理非平稳变频信号，避免转速波动对特征信号产生影响[25-27]。早期故障维护成本低，及时处理可防止故障恶化，有利于减少运维成本。早期故障特征不明显，特征信号较弱，噪声较大，可采用最大相关峭度解卷积[21,28]等方法对信号进行降噪处理。

基于模型的风电机组故障诊断技术需要对部件模型、故障响应等有完整的把握。基于信号的风电机组故障诊断技术从故障特征出发进行诊断，故障特征是由故障机理得到的。因此，研究故障产生的机理对故障诊断具有重要意义。下面以齿轮箱为例，从故障机理出发，介绍风电机组故障诊断技术。

6.4.2　风电机组齿轮传动系统扭转振动模型及固有特性分析

1. 风电机组齿轮传动系统扭转振动方程

采用集中参数法，将连续的风电机组齿轮传动系统简化为离散系统，建立振动模型，即风电机组齿轮传动系统等价动力学模型[29]，如图6-7所示。

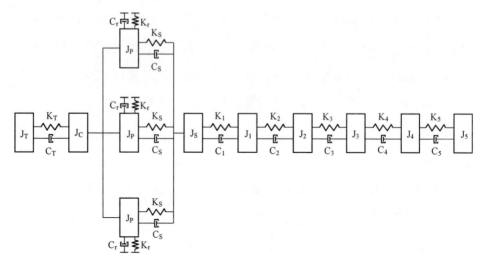

图 6-7 风电机组齿轮传动系统等价动力学模型

多级齿轮传动系统的振动一般包括径向振动、轴向振动和扭转振动。研究表明,扭转振动是系统的主要振动,是径向振动和轴向振动的激振力。因此本章仅考虑系统的扭转振动,建立纯扭转振动模型。采用牛顿第二定律建立风电机组齿轮传动系统运动微分方程,可简化为

$$J\ddot{\theta}+C\dot{\theta}+K\theta=P \quad (6-17)$$

式中,θ、$\dot{\theta}$、$\ddot{\theta}$ 分别为角位移矩阵、角速度矩阵和角加速度矩阵;J 为转动惯量矩阵;K 为扭转刚度矩阵;C 为阻尼矩阵;P 为内激励和外激励矩阵。

2. 基于扭转振动模型的固有特性分析

固有振动特性(固有频率和振型)是振动系统的基本动态特性之一,由系统的结构、大小、形状等因素决定,不以是否处于振动状态而改变[29]。在无外力作用,并略去影响不大的阻尼时,无阻尼自由振动的运动方程为

$$J\ddot{\theta}+K\theta=0 \quad (6-18)$$

设方程的解为

$$\theta_i=A_i\sin(\omega_i t+\varphi) \quad i=(1,2,\cdots,n) \quad (6-19)$$

则式（6-18）可改写为

$$(\boldsymbol{K}-\omega^2\boldsymbol{J})A=0 \quad (6-20)$$

有非 0 解的条件为系数矩阵行列式为 0，即

$$|\boldsymbol{K}-\omega^2\boldsymbol{J}|=0 \quad (6-21)$$

式（6-21）为特征方程，ω 为特征值，即系统的固有频率（特征频率），非 0 解 A 为 ω 对应的特征向量（模态振型），其物理意义为结构在按固有频率振动时的空间形态。刚度可根据国标计算，转动惯量可用如 Pro/E 等软件计算。

6.4.3 风电机组齿轮传动系统振动响应分析

1. 风电机组齿轮传动系统激励

齿轮传动系统作为弹性的机械系统，在动态激励作用下可产生动态响应。齿轮传动系统的动态激励有内部激励和外部激励。外部激励主要是指原动力矩和负载力矩的波动。与一般振动系统相比，齿轮传动系统的不同之处在于，在啮合过程中不可避免地产生内部激励，包括刚度激励和误差激励等。因此，研究齿轮传动系统由内部激励作用下产生的动态响应是齿轮传动系统动力学研究的主要内容之一[29]。

（1）刚度激励

刚度激励是齿轮啮合激励的主要形式之一，指的是因综合啮合刚度的时变性而产生的动态啮合力对系统进行动态激励的现象。

由于齿轮啮合的重合度大多在齿轮啮合过程中，因此单齿对啮合和双齿对啮合交替出现。齿轮在单齿对啮合区和双齿对啮合区承受相同的总载荷。由于在双齿对啮合区是两对齿轮分担载荷，弹性变形较小，即齿轮综合啮合刚度较大，单齿对啮合区则是齿轮综合啮合刚度较小。在齿轮连续转动的情

况下，齿轮的啮合刚度会随着单齿对啮合和双齿对啮合的不断交替而呈现出周期性变化。

在直齿轮的整个啮合区，存在单齿对啮合区和双齿对啮合区。齿轮啮合刚度在两区交替时产生突变，每对齿轮承担的载荷也发生突变，由于载荷的突变，因此齿轮产生动态激励。

斜齿轮也存在单齿对啮合和双齿对啮合交替出现的情况，由于斜齿轮啮合是由齿轮一端开始的，并逐渐扩展至整个齿面，最后由齿轮的另一端退出啮合，因此斜齿轮综合啮合刚度虽然也是时变的，但不存在阶跃型突变。

(2) 误差激励

误差激励是由于齿轮加工和装配过程中不可避免地存在多种误差产生的。为检验这些误差而规定了许多精度指标，这些指标分为三类：运动精度、平稳性精度和接触精度。由于存在误差，对于一对传动比为1的齿轮，当主动轮均匀地转过一周时，从动轮的一周不是均匀转过的，而是存在转角误差。

转角误差分为长周期误差和短周期误差。长周期误差主要是由齿轮的几何偏心造成的，对一般速度齿轮的平稳性影响不大。短周期误差主要是由基节偏差和渐开线齿形偏差造成的。对定轴齿轮传动来说，它的频率为啮合频率。短周期误差是影响传动平稳性的主要因素。基节偏差所带来的影响复杂一些，涉及啮合冲击。齿形偏差在啮合过程中相当于引入一种位移激励。

2. 风电机组齿轮传动系统振动响应

对风电机组齿轮传动系统振动响应的分析属于常微分方程组的定解问题，采用龙格库塔法求解，得到以下结论[29]。

(1) 无误差激励情况下风电机组齿轮传动系统振动响应

中速级齿轮时变啮合刚度激励对系统振动特性影响较大。在功率谱上，各部件的中速级啮合频率处及其倍频处的振动能量都很大，高速级小齿轮在高速级啮合频率、倍频处均有较大振动。对于一对啮合的齿轮来说，小齿轮的振动幅值要大于大齿轮。

（2）有误差激励情况下风电机组齿轮传动系统振动响应

齿轮的误差激励可以采用以啮合频率为基波的傅里叶级数表示，由于每个齿轮误差的幅值都采用极限误差，所以由误差激励引起的振动变化很大，功率谱增大明显。误差激励使高速轴齿轮振动幅值明显增大，各部件的低频谐波丰富。

6.4.4 风电机组齿轮传动系统故障模型

1. 裂纹故障时齿轮啮合刚度

齿轮传动时，可将承受载荷的轮齿看作悬臂梁，参与啮合的轮齿受到脉动循环的弯曲应力作用，当应力过高时，轮齿会因为弯曲疲劳而产生裂纹，并逐渐扩展，最后可能导致断齿。根据断裂力学理论，当轮齿出现裂纹时，轮齿弯曲刚度减小，裂纹尺寸扩展越大，轮齿弯曲刚度就会变得越小，因此齿轮啮合刚度也随之变小。

齿轮啮合刚度可以用受载后齿轮的挠曲变形大小来表示[29]。齿轮副受载后，挠曲变形包括啮合点处的接触变形、轮齿的弯曲和剪切变形及齿根处轮体变形三部分。齿轮啮合刚度计算公式为

$$K=\frac{F_n}{\delta_H+\delta_{T1}+\delta_{T2}+\delta_{A1}+\delta_{A2}} \tag{6-22}$$

式中，δ_H 为沿啮合线度量的接触变形；δ_T 为沿啮合线度量的轮齿变形和剪切变形；δ_A 为沿啮合线度量的齿根处轮体变形。当齿轮存在裂纹时，主要影响轮齿的弯曲和剪切变形。

在实际工作中，齿轮裂纹故障的位置常出现在轮齿根部到分度圆处。图 6-8 为风电机组低速轴齿轮副上不同齿轮出现裂纹时啮合刚度变化曲线对比图。

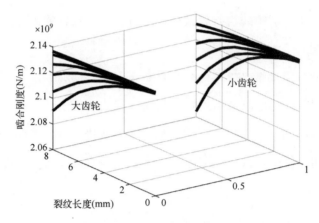

图 6-8　不同齿轮出现裂纹时啮合刚度变化曲线对比图

图中，左边是齿轮副中直径大的齿轮出现裂纹时，齿轮副的综合啮合刚度随裂纹长度的变化趋势；右边是齿轮副中直径小的齿轮出现裂纹时，齿轮副的综合啮合刚度随裂纹长度的变化趋势。由图可知，虽然齿轮副中大小齿轮齿根处分别出现裂纹时，齿轮副的综合啮合刚度随着裂纹的增大都呈非线性快速下降，但是直径小的齿轮齿根处出现裂纹时，齿轮副的综合啮合刚度下降的幅度比直径大的齿轮齿根处出现裂纹时大。当齿轮分度圆处出现裂纹时，直径小的齿轮和直径大的齿轮对齿轮副综合啮合刚度的影响较接近，但直径小的齿轮出现分度圆处裂纹引起的啮合刚度下降幅值仍然大于直径大的齿轮。总体来说，在一对啮合的齿轮副中，直径小的齿轮出现裂纹对齿轮副综合啮合刚度影响较大。

2. 点蚀故障齿轮冲击波形

当齿轮的某一单齿齿面发生点蚀和剥落等故障时，会导致齿轮在该单齿啮入啮出时，产生一个由正的啮入冲击和一个负的啮出冲击合成的故障冲击信号[29]。设故障冲击信号为 $\delta(t)$，根据齿轮啮合的周期性，故障冲击信号的频率为故障齿轮的转动频率，当齿轮发生点蚀故障时，风电机组齿轮传动系统的运动微分方程可表示为

$$J\ddot{\theta}+C\dot{\theta}+K\theta=P+\delta(t) \qquad (6-23)$$

6.4.5 风电机组传动链健康状态实时评价模型

上一节讨论了风电机组齿轮传动系统故障。对于具体故障诊断方法当前许多学者都做了大量工作。然而当前许多研究是针对即将或已经发生的故障，难以满足对风电机组进行全寿命周期管理的需求。若能对风电机组传动链的健康状态实时评价，实现潜在故障的预诊断，提前诊断部件的衰退趋势，则可帮助风电场有计划地组织维修设备与维修人员，便于提前安排备件采购，统筹安排部件的更换，降低总体吊车使用费用和准备时间，不仅能保证风电机组的安全运行，还能有效提升风电场的运营效益。因此，进行风电机组传动链健康状态实时评价具有重要意义和巨大价值。下面基于高斯混合 Copula 模型（Gaussian Mixture Copula Model，GMCM）建立风电机组传动链健康状态实时评价模型。GMCM 在数据分布拟合与图像分割方面的性能比单纯的高斯混合模型更优越，首先对 GMCM 模型的参数进行估计，然后定义衰退指数，以实现健康状态实时评价[24]。

GMCM 参数的估计步骤具体如下：

- 以二维向量为例，分别计算各自的边缘概率密度函数；
- 基于建立的两个边缘概率密度函数，将原始数据转化为边缘累积分布函数；
- 由边缘累积分布函数的值，基于 EM 算法或 Active-Set 算法计算 GMCM 参数。

基于 GMCM，以滚动轴承为例，输入滚动轴承振动信号，生成衰退指数（Degradation Index，DI）来实时评价滚动轴承健康状态。衰退指数 DI 计算公式为

$$DI_t = (1-\alpha)DI_{t-1} + NLLP_t \tag{6-24}$$

式中,$NLLP_t$ 为 t 时刻通过 GMCM 计算得到的负对数似然概率;α 为指数加权移动平均统计中的平滑系数,为兼顾历史数据与当前观测数据对衰退指数的影响,取 $\alpha=0.2$。

基于高斯混合 Copula 模型的健康状态实时评价如图 6-9 所示。

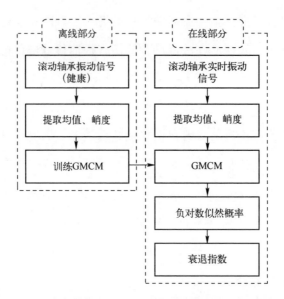

图 6-9 基于高斯混合 Copula 模型的健康状态实时评价

具体步骤如下:

- 建立 GMCM:以滚动轴承健康状态下的历史振动信号为基础,提取均值和峭度,建立二维特征值矩阵,计算 GMCM 参数,建立 GMCM。
- 计算 NLLP:以滚动轴承实时振动信号为基础,提取均值和峭度,建立二维特征值矩阵,输入建立的 GMCM,计算 NLLP。
- 衰退指数监测:用式(6-23)计算滚动轴承的实时衰退指数 DI_t,监测发展趋势,实现滚动轴承健康状态实时评价。

6.5　海上风电场运维

海上风电场工作条件恶劣，运维受到气候、潮汐等影响。当风电机组故障时，恶劣天气会导致运维作业船难以靠泊，即使轻微故障，也会导致风电机组的可用率降低。在执行预防性维护时，恶劣的海洋环境会产生昂贵的维修费用，大幅增加海上风电场的运行成本。不同于陆上风电场，海上风电场运维成本在海上度电成本中占据很大比例，为20%~35%，海上运维作业船只的成本最高可占运维总成本的73%左右。维护不同类型部件所需的船只、人员配置、维护时间差别较大，一些重型部件的维护，如齿轮箱、发电机等往往需要用到起重船，对于同一部件采取不同的维护方式（更换或维护）所需的资源也不相同[30]。

以下将分析在运维海上风电机组过程中需考虑的不同因素和策略。

6.5.1　天气因素

天气对海上风电场的运行维护有着重要影响。天气的变化可能会形成较强的浪涌，影响船只的安全航行，严重制约海上风电机组运维人员随时进行运维的可行性。对于海上风电机组的运行维护，天气是不得不考虑的一个重要因素，也是影响海上风电机组运维策略的决策变量。

6.5.2　运维人员

海上风电场运维人员需要熟悉海上风电机组的工作原理及基本结构，熟悉计算机监控系统的使用方法，熟悉海上风电机组各种状态信息、故障信息及故障类型，掌握判断一般故障原因的方法及其处理方法，熟悉操作票、工作票的填写，并能对海上风电机组的容量系数、利用小时数及故障率等进行统计计算。

6.5.3 备品备件

在海上，由于天气、后勤和其他操作限制，维修窗口可能很短。备件可分为两类：一类是制造周期长的主要备件，持有量与维护和资产管理有关；另一类是经常性和可预测需求的消耗性备件，持有量可作为寄售库存进行控制。这些备件可总结如下：

- 主要备件：叶片、齿轮箱、发电机、液压动力机组、变流器、变桨电机及偏航电机。
- 消耗备件：灯、按钮和控制继电器、泵电机、过滤器、润滑脂和润滑油等。

6.5.4 维护方法

根据维修发生的时机可以将维修分为两类。

（1）修复性维修（Corrective Maintenance，CM）

修复性维修也被称为事后维修，是一种被动维修，即在发生故障后，在天气、船只等环境条件允许的情况下前往修复，要求运维部门维持一定量的备件库存，或依赖于设备厂商迅速提供所需备件。这种维修方式会大大增加维修备件的成本及停机时间，同时还需要维修人员能够立即对所有风电机组故障做出反应，适用于近海风电场中，保养成本高于维修成本的设备或对运行影响不大的一般设备或价格便宜设备的维修。对于远海风电场，该类维修的可行性和有效性较低[31]。

（2）预防性维修（Preventive Maintenance，PM）

- 定期维修（Time Based Maintenance，TBM）。

定期维修是指在对设备的故障规律有一定认识的基础上，无论设备的状态如何，均按照预先规定的时间进行维护，计划维护周期有半年、一年、两年或五年。年度定期维修计划为备件采购、储备、供给提供基础数据。维护活动一般包括擦拭、润滑、调整、检查、拆修和更换。表6-2为需进行定期维修的风电机组主要部件检测内容。

表6-2　风电机组主要部件检测内容

部　件	检　测　内　容
风轮叶片	表面损坏、裂缝、结构不连续，在升降机或步进设备上检测，通过目检或合适的手段（如敲打、超声波测试）检查；螺栓的预拉伸；防雷电保护装置的损坏
传动装置	滤漏、异响、腐蚀防护条件、渗油、螺栓的预拉伸；传动装置（相关油样）；防雷单保护装置的损坏情况
机舱和应力及力矩传递的部件	腐蚀、裂缝、异响、渗油、螺栓的预拉伸、防雷电保护装置
空调机、除湿和空气过滤装置	功能、污染和污垢
液压系统、气动系统	损坏、渗漏、腐蚀、功能
支撑机构（塔架、下部结构和基础）单桩或交叉结构	腐蚀、腐蚀防护（如阴极保护）；损伤和变形、裂缝、磨损、散裂、螺栓的预拉伸、海生物；密封结构（目检）
安全设备、外部照明、传感器和制动系统	功能检查、限制值的实现条件、损坏、磨损
控制系统与电气包括变电站和接地装置环境监测系统	接线端、固定装置、功能检查、腐蚀、污垢
直升机平台、船舶停靠处、防护栅	固定装置、功能、腐蚀、裂缝、污垢、损坏和变形
紧急避险处	外部照明和紧急避险设备与海上救援设备和后备电源（若需要）的说明
文件	正常维护间隔内完成的维护文件、测试文件、认证文件的完整性、环境监测、解释等，如果用到，必要时可根据授权进行相应的修改

风电机组的定期维修时间间隔与设备可靠性或使用寿命有关。当设备运行到一定时间点后，故障率有明显增加时，可对其进行定期更换。只有故障

后果严重，而且定期预防性维修工作具有技术可行性，且能保证维修效果时，才开展定期维修工作。定期维修计划需要在设备投入使用后，根据实际情况不断地修订完善[32]。

- 状态维修（Condition Based Maintenance，CBM）。

状态维修（视情况维修）是指将观察到的设备运行状态与标准状态进行比较，根据比较结果采取合适的维修活动。状态维修适合在稳定运行期间故障率和运行时间没有明显关系的设备。虽然这些设备不具有明显关系，但多数设备在将要发生故障时，都会显现一些故障征兆。状态维修就是通过技术手段及时发现这些故障征兆，提前采取相应措施，避免故障的发生。状态维修的核心是采用多种技术手段对设备的健康状态进行实时监测，分析评价设备当前的运行状态，预警并诊断设备的各种潜在故障，在此基础上统筹安排设备的维修计划，主动实施维修的一种设备管理方式，具有对设备干预少、维修活动针对性强、效率高、总体成本费用低等优势，可充分利用大数据信息技术实现运行维护可靠性与经济性的统一[32]。

(3) 机会维护

预防性维护和事后维护各有利弊：预防性维护容易出现过度维护和维护不足的现象；事后维护具有较大的随机性。机会维护策略将事后维护策略和预防性维护策略相结合，当某一部件发生故障时，其余部件均获得提前进行预防性维护的机会，通过判断部件是否满足相应的维护条件，做出维护决策[33]。

机会维护一方面可以将多种维护措施一并进行，实现分摊高额的固定维护费用，另一方面通过机会这一概念，使整个风电场的各个风电机组联系在一起，便于对风电场的整体进行维护策略的优化。该策略在维护工程领域已有部分研究成果，但在风电场或海上风电机组中的应用尚处于起步阶段。

6.5.5 海上交通方式

1. 海上运维船

海上运维船是用于海上风电机组运行维护的专用船舶。该船舶在波浪中应具有良好的运动性能，在航行中应具有很好的舒适性，能够低速精准地泊靠到风电机组的基础，防止对基础造成较大冲击，能够与基础持续接触，能够安全便利地将维修人员和设备运送到风电机组平台，甲板区应具有存放工具、备品备件等物资的集装箱或运维专用设备的区域，并可以脱卸，还应具有维修人员能够短期住宿生活的条件和优良、舒适的夜泊功能。

根据国内海上风电的发展现状，运维船主要分为 6 类[34]：

- 普通运维船；
- 专业双体运维船；
- 高速专业双体船；
- 运维母船；
- 居住船；
- 自升式运维船。

2. 直升飞机

直升飞机按照每小时 300km 的速度计算，到离岸 30km 的风电场只需要 6min 的时间，而运维船则需要 1 个多小时才能到达。在大风期，发电量高，一旦风电机组出现故障，能快速排除故障将会极大地挽回发电损失。从安全救援角度看，直升飞机也是海上救援不可或缺的交通工具[34]。

相对于运维船，快速、高效是直升飞机的优点。一般来说，如果浪高介于 2~6m 之间，都可以考虑使用直升飞机进行故障的快速处理。在权衡投入产出的情况下，利用直升飞机出海运维是一个不错的选择。

参考文献

[1] 李鹏飞. 风机叶片故障诊断及状态评估方法研究 [D]. 北京：华北电力大学, 2015.

[2] 薛宇, 刘燕. 海上湿气对风力机翼型及叶片气动性能影响研究 [J]. 分布式能源, 2016, 1 (02): 21-27.

[3] 李学伟. 基于数据挖掘的风电机组状态预测及变桨系统异常识别 [D]. 重庆：重庆大学, 2012.

[4] 王腾超. 基于振动监测的风电机组滚动轴承故障诊断应用研究 [D]. 秦皇岛：燕山大学, 2016.

[5] 孙晓伟. 风电机组齿轮箱故障模式与影响分析 [D]. 北京：华北电力大学, 2014.

[6] 谢磊. 大型风力发电机组偏航系统故障声学诊断方法 [D]. 北京：北京邮电大学, 2020.

[7] 邓子豪, 李录平, 刘瑞, 等. 基于SCADA数据特征提取的风电机组偏航齿轮箱故障诊断方法研究 [J]. 动力工程学报, 2021, 41 (01): 43-50.

[8] 邓子豪, 李录平, 刘瑞, 等. 大型风电机组电机驱动型主动偏航系统故障诊断技术概述 [J]. 太阳能, 2020 (04): 34-41.

[9] 窦春红. 风电齿轮箱运行状态监测与故障诊断 [D]. 北京：北京交通大学, 2019.

[10] 徐颖剑. 风电机组发电机故障分析诊断 [D]. 北京：华北电力大学, 2013.

[11] 郭东杰. 风电机组状态监测与故障智能诊断系统研究 [D]. 太原：山西大学, 2012.

[12] 王美, 谭阳红, 何怡刚, 等. 永磁直驱风电系统变流器开路故障诊断方法 [J]. 控制工程, 2018, 25 (01): 50-56.

[13] 杨明明. 大型风电机组故障模式统计分析及故障诊断[D]. 北京：华北电力大学, 2009.

[14] 钱可玶, 陆莹, 郑明, 等. 海上风电场高压 XLPE 绝缘海缆可靠性评估的方法[J]. 电线电缆, 2016（01）：1-6+9.

[15] Takoutsing P, Wamkeue R, Ouhrouche M, et al. Wind turbine condition monitoring：state-of-the-art review, new trends, and future challenges[J]. Energies, 2014, 7（4）：2595-2630.

[16] Md I D, Abu-Siada I A, Muyeen S M. Methods for advanced wind turbine condition monitoring and early diagnosis：a literature review[J]. Energies, 2018, 11（5）：1309.

[17] Wei Q, Lu D. A aurvey on wind turbine condition monitoring and fault diagnosis-part II：signals and signal processing methods[J]. IEEE Transactions on Industrial Electronics, 2015, 62（10）：1-1.

[18] 张博. 直驱式风电机组轴承振动监测与故障诊断[D]. 太原：太原理工大学, 2014.

[19] 辛卫东. 风电机组传动链振动分析与故障特征提取方法研究[D]. 北京：华北电力大学, 2013.

[20] 李状. 基于无监督学习的风电机组传动链智能故障诊断方法研究[D]. 北京：华北电力大学, 2016.

[21] 赵洪山, 李浪. 基于 MCKD-EMD 的风电机组轴承早期故障诊断方法[J]. 电力自动化设备, 2017, 37（02）：29-36.

[22] 刘长良, 武英杰, 甄成刚. 基于变分模态分解和模糊 C 均值聚类的滚动轴承故障诊断[J]. 中国电机工程学报, 2015, 35（13）：3358-3365.

[23] 苏祖强. 基于泛化流形学习的风电机组传动系统早期故障诊断方法研究[D]. 重庆：重庆大学, 2015.

[24] 徐强. 风电机组传动链状态诊断方法研究[D]. 北京：华北电力大学, 2015.

[25] 何国林. 复合齿轮传动系统振动响应调制机理及稀疏分离方法研究[D]. 广州：华南理工大学, 2015.

［26］武英杰．基于变分模态分解的风电机组传动系统故障诊断研究［D］．北京：华北电力大学，2016．

［27］李浪．基于振动信号的风电机组轴承故障诊断研究［D］．北京：华北电力大学，2017．

［28］吕中亮．基于变分模态分解与优化多核支持向量机的旋转机械早期故障诊断方法研究［D］．重庆：重庆大学，2016．

［29］龙泉．风电机组齿轮传动系统动态特性及故障诊断方法研究［D］．北京：华北电力大学，2012．

［30］Tavner P. Offshore wind turbines：reliability，availability and maintenance［M］．IET Digital Library，2012．

［31］符杨，许伟欣，刘璐洁．海上风电运行维护策略研究［J］．上海电力学院学报，2015（03）：219-222．

［32］郭慧东．海上风电机群运行状态评价与维修决策［D］．北京：北京交通大学，2018．

［33］单光坤．海上风力发电技术［M］．北京：科学出版社，2020．

［34］周华．海上风电运维之风电运维船［J］．风能产业，2017，98（09）：48-51．

第 7 章
海上风电对海洋的影响

海上风电项目的整个生命周期会对周围海域产生一定的影响。这些影响不仅包括噪声和电磁场等物理方面的影响,还包括风电机组对周围环境的化学影响和海洋生物的影响。因此,本章将从海上风电对环境的物理影响、化学影响、生物影响综合论述影响形式,并介绍一些海上风电融合发展的新模式,如海洋牧场、波浪能和制氢储氢等发电形式。

7.1 对环境的影响

海上风电项目在整个生命周期会产生各种噪声和电磁辐射,使所处海域的物理环境与其他海域不同。不同于陆上风电,海上风电还需要重点考虑防腐问题。各类防腐措施都会不同程度地向海水中释放金属和有机物等,均会使海上风电场所在海域与其他海域的海水化学成分存在差异。下面从海上风电对物理环境和化学环境的影响,介绍国内外相关研究结果。

7.1.1 对物理环境的影响

1. 噪声

海上风电场的建设按照施工周期,可分为准备期、施工期、营运期和退役期等阶段。每个阶段都会产生不同类型和特性的噪声[1]。

2. 电磁场

海上风电机组、升压站和海底电缆是海上风电主要的电磁辐射影响来源。风电机组和升压站均位于海面，跨介质传播的电磁辐射衰减很快，对海洋生物影响较小。因此，有可能对海洋生物产生电磁辐射影响的主要是海上风电的输电电缆。由于电缆绝缘屏蔽外壳接地，屏蔽了电场，电缆外部主要是磁场辐射，因此海底电缆产生的磁场主要来源于保护层中的铁磁性材料和自身的加载电流[2]。

7.1.2 对化学环境的影响

与其他海上活动相比，虽然海上风电场的化学物质排放量较低，但随着风电场数量的增加，这种排放与海洋环境更加相关。防腐蚀系统包括海上风电机组、海上升压站和高压直流平台等都是风电场所有类型海上结构化学物质排放的直接来源，虽然目前还没有明确的证据表明防腐系统对海洋环境有负面影响，但有必要进一步研究，以了解防腐系统的潜在（长期）影响[3]。

1. 金属

所需的阳极材料取决于钢结构所需的保护电流。具体计算取决于几个因素和技术要求，如基础设计、尺寸、基础是否涂覆或至少部分涂覆、海水或沉积物条件及阳极分布。因此，阳极材料对于不同海上风电场存在差异，假设大部分材料将在 25 年的生命周期内被消耗并进入海洋环境，那么由电偶阳极阴极保护系统排放的化学物质将与阳极材料的数量相似。因此，电偶阳极阴极保护系统的潜在排放量可以通过 DNVGL-RP-B401（2017）计算（既定标准之一）进行粗略估计。表 7-1 为不同涂层海上风电机组基础的必要阳极材料（铝铟锌）简化计算结果。这些无涂层铸造设计的铝杆质量在 13000kg（单桩）和 32000kg（三脚架）之间。额外的涂层将减少铝阳极质量的总量。

在这种情况下,仅需要6000kg(单桩)至10700kg(三脚架)的铝阳极质量。

表 7-1 不同涂层海上风电机组基础的必要阳极材料(铝铟锌)简化计算结果

海上风电机组基础设计尺寸	单桩	三脚架	导管架	海上升压站导管架
水中表面积(m^2)	850	2500	1800	12000
沉积物中表面积(m^2)	850	300	180	1200
阳极材料总量	单桩	三脚架	导管架	海上升压站导管架
基础无涂层(kg)	13000	32000	22500	150000
基础有涂层[a](kg)	8000	16000	11000	80000
基础有涂层[b](kg)	6000	10700	7500	50000

注:a,假设涂层在15年后完全消失,因为涂层的标准仅假设使用寿命为15年。

b,假设25年后涂层总损坏率为32%(用DNV GL标准值计算的损坏系数)。

值得一提的是,这些估算不包括任何额外因素,如整个结构的阳极分布,但实际需求必须考虑基础设计的每个单独部分,并可能改变阳极总量。如果我们考虑一个有80个海上风电机组的海上风电场,这些风电机组带有单桩基础和一个海上升压站,并使用表7-1中给出的值,那么一个海上风电场每年将释放45吨铝和2吨锌(如果假设锌含量为5%),而锌阳极的使用将使年总排放量增加约2.5倍(118吨)。在锌阳极的情况下,99%的排放物是锌。涂层的使用将显著减少必要的阳极材料,含铝阳极的海上风电场的排放量可降至每年19~25吨铝,但目前大多数海上风电机组在水下区域没有涂层。应该注意的是,这些值是25年生命周期内的平均排放量,因为它们通常在初始阶段较高,会使整个基础极化。此外,风电场通常都有一个海上升压站,基础比海上风电机组的基础更大,需要更多的阳极材料(粗略估计的排放量为0.5~1.0吨/年)。海上风电场最大的基础设施是高压直流换流站,仅导管架钢结构的总质量就有几千吨,需要大量的阳极材料(粗略估计的排放量为5~15吨/年)。这将增加风电场金属的总排放量。

一些海上风电机组在单桩或三脚架的内部使用电镀阳极，由于一些问题，因此适用性仍在讨论中。这类设计的基础隔离了结构内部与外界水的化学环境，化学物质有限或没有交换。内部的环境条件可能会发生变化，包括氧气浓度降低（从有氧条件变为无氧条件）、酸碱度降低及桩内氢气的形成。研究表明，这些变化可能会影响桩内电镀阳极的腐蚀过程和功能，例如降低酸碱度会导致阳极消耗加速。此外，如果不通风，产生的氢气会有爆炸的风险。此外，桩体内部的沉积物和水中富含铝、锌和其他从电偶阳极中释放的微量金属，应避免引入大量低酸碱度和高金属含量的水，因为可能会对海洋环境产生负面影响。至少在海上风电机组退役期应考虑这一点。

综上所述，在海上基础设施的外部和内部使用电镀阳极，将在海上风电场的整个寿命期内对海洋环境产生大量的局部金属输入。下面将讨论铝、锌、铟三种主要金属预计从电镀阳极中的释放。应该提到的是，电镀阳极还含有恒量的其他重金属，如铅或镉，也会在消耗过程中释放出来。

(1) 铝

铝是地壳中第三丰富的元素。海水中的溶解铝浓度通常较低，浓度范围为 $0.008\sim0.68\mu g/L$（公海）、$0.5\sim0.68\mu g/L$（沿海水域）及 $0.6\sim0.9\mu g/L$（北海）。由于海水的自然酸碱度条件（$pH=8.1$），因此主要的铝形态是氢氧化物。铝也可以和海水中的氟和有机物结合，或与有机物螯合生成螯合物。众所周知，淡水藻类和鱼类在酸性更强的条件下会产生环境毒性。据了解，没有关于海水中铝浓度的国家或国际指南或环境质量评估值。澳大利亚联邦科工组织水土资源研究所根据对来自不同营养水平的11种海洋物种的毒性测试结果，提出澳大利亚海水指南中总铝的无影响浓度（NOEC）为 $24\mu g/L$，并证明溶解和/或颗粒铝会导致毒性，具体取决于被调查的物种。该研究中对铝离子浓度最敏感的海洋生物是硅藻，第二敏感生物是牡蛎，无效应浓度已达到 $100\mu g/L$，约是总铝无影响浓度的4倍。这些无影响浓度值明显高于海洋环境中溶解铝的测量浓度。

更具体地说，一些研究主要是在港口环境或实验室中调查了原电池阳极铝的排放影响。卡昂大学的研究证明，阳极附近沉积物中的铝浓度显著增加，由于稀释效应，水中的铝浓度没有增加。另有研究人员通过装有海水但没有沉积物的水槽中进行实验，显示沉降颗粒和悬浮颗粒物质的浓度很高。他们认为铝在悬浮颗粒物中的富集可能与滤食性生物有关。对淡水鱼类而言，较高的溶解有机碳和物质会降低铝的毒性。他们还怀疑，由于稀释效应，海水中溶解的铝在环境条件下不相关。卡昂大学研究了港口环境下紫贻贝体内的铝积累，证明消化腺是铝的短期和中期储存场所。通过海胆生物测定研究了电偶阳极溶解的铝和锌及其相应的硫酸盐的影响，表明电偶阳极产生的铝和锌的影响较小。澳大利亚联邦科工组织水土资源研究所调查了溶解和沉淀的铝形态对不同硅藻的影响。他们证明，毒性可能是由溶解或沉淀的铝引起的，具体取决于硅藻种类。

如前所述，电偶阳极会释放大量的铝。这些排放物是否会增加海水中溶解的铝浓度尚不清楚，因为在公海中会被高度稀释，并且可能会以不可溶物质或无定形氢氧化铝的形式排放。电镀阳极可能会增加悬浮颗粒物中的铝浓度，这一点已在水槽实验中得到证明。这种以铝为界的悬浮颗粒物和不可溶物质可能埋藏在近海风电场附近的沉积物中。然而，目前尚不清楚这种排放是否会对沉积物浓度和底栖生物产生影响。详细的排放研究，包括对阳极表面金属种类和金属络合物生成的调查，以及对当地甚至区域范围的影响都是未知的，因为没有相关数据公布。海洋沉积物的总铝含量已经很高，因为它来自黏土矿物质，所以可能很难区分自然铝浓度和电镀阳极对沉积物中铝浓度的影响。然而，这种差异对于评估电偶阳极释放的铝的氢氧化物的潜在生态毒理效应很重要。为了更好地了解原电池阳极的铝排放结果，有必要对沉积物中的铝形态进行分析。

(2) 锌

锌是一种必需元素，在地球上无处不在，但也表现出剂量依赖的毒理学效应。锌是海洋微量营养素之一，在海洋环境普遍存在。沉积物、悬浮物和海水中溶解的锌的种类和分馏强烈依赖于环境的物理化学性质。这种在海洋环境中的分布受盐度、酸碱度、氧化还原条件和有机含量的影响。据报道，北海沿海和公海水域的锌浓度值分别为 $1\mu g/L$ 和 $0.3ng/L$。在卡昂大学的研究中，由北海不同区域测得的近海锌浓度范围为 $0.3\sim300\mu g/L$。锌被列入《保护东北大西洋海洋环境公约》的河流输入和直接排放年通量环境监测方案。作为一个主要来源，2013 年，北海的河流输入量为 2689 吨。与其相比，海上风电场的排放量可能较低。《保护东北大西洋海洋环境公约》生态毒理学评估标准（EAC）在水中为 $0.5\sim5\mu g/L$，在沉积物中为 $50\sim500mg/kg$ 干重。这些价值不具有法律性质，仅用于初步评估，以确定潜在问题。世卫组织仅根据味道条件建议饮用水的限量为 $5mg/L$。

锌阳极在沉积物和海水中的归宿和影响已经进行了各种研究，因为锌阳极经常用于船舶、压载水舱和港口板桩。意大利国家研究委员会分析了来自亚得里亚海近海天然气平台的贻贝，并讨论了电偶阳极作为贻贝中金属（锌、镉、镍）累积的潜在来源，导致生物干扰的整体微弱信号。在铝为主体的阳极材料中，锌是第二丰富的金属，占阳极总质量的 $2.5\%\sim5.75\%$。用锌阳极进行的水槽实验表明，水中的 Zn^{2+} 离子增加，并以氢氧化物的形式沉淀，但也以络合物的形式或附着在悬浮物上。研究人员分析了海水罐中以铝为主体的阳极材料释放的铝、锌和铁，证明了溶解的锌含量仅在实验开始时增加，随后由于对悬浮颗粒物的吸附和更新水过程中的稀释效应而降低。他们在阳极表面观察到一层高度水合的非晶态白色层。在该白色层的固体部分铝浓度高，液体部分锌浓度高。卡昂大学研究了阳极释放的锌对海胆胚胎和精子的毒性。与锌和铝的盐类相比，锌的毒性较低或没有损害。还调查了牡蛎与锌阳极排放物的接触情况,并观察到对长牡蛎免疫系统活动的影响,长牡蛎对高浓度锌的毒性敏感,低浓度锌对长牡蛎毒性影响不大。

研究表明,尽管由电偶阳极产生的锌毒性相当低,而且与铝相比,由海上风电场排放的量也要低得多(大约为 2 吨/年,之前海上风电场采用的是铝-锌-铟阳极),但仍有必要进行调查,以了解这种新来源锌排放的结果和潜在影响。

(3) 铟

铟仅占阳极材料的 0.01%~0.04%。与地壳中仅 0.05ppm 的低环境发生率相比,电镀阳极可能是海洋环境中重要的新铟来源。铟通常用作电显示器、光伏电池和发光二极管的氧化铟锡材料,工业产量在过去 20 年中有所增加,是环境中铟的主要来源。在前面提到的大多数排放研究和储罐实验中,由于铟的低浓度和实验分析方面存在的问题,没有进行详细研究。只有个别研究人员分析了一个水槽实验的沉积物,显示在阳极暴露沉积物中存在铟。关于海洋环境的铟,直接数据很少,主要在地球化学过程中的相关分析中进行讨论。铟的毒理学效应研究主要在工业中与铟接触的工人中进行,结果表明,存在与吸入相关的毒理学效应。由于工业对铟的需求和应用不断增加,因此通过废水排放,第一次研究调查了对淡水水生物的毒性影响,铟(III)的半数致死浓度在 6.9~21.5mg/L(LC_{50})之间。据我们所知,目前欧洲海洋环境中没有铟的数据,地中海和大西洋中铟的浓度低于 0.6~1.6pmol/kg,日本海的铟浓度甚至更低。

2. 有机物

与海水接触的有机涂层(环氧树脂和聚氨酯)释放出的有机物可能源于沥滤过程、风化过程或材料损失。环氧树脂和聚氨酯涂料包含多种化学物质,如黏合剂、颜料、填料、有机改性剂、溶剂和不同的添加剂等。此外,树脂是不同组分的反应产物，反应过程中可能会产生可析出的未知产物。针对不同的应用和添加剂，调查了有机涂层在寿命期内通过其他工艺的沥滤或释放情况，例如立面涂层、涂料和油漆中的生物杀灭剂，但对海洋涂料的相关研究不多。环氧树脂的研究主要集中在饮用水或食品相关应用，或陆上土木工程基础设施的环氧树脂涂层转移至水中环境。在上述浸出实验中，在实验室条件下，分析了有机涂层的生态毒性，并证明了某些外源雌激素（如双酚A）的存在。释放有机物的结果和数量在很大程度上取决于特定的涂层产品。最近，第一个从单组分聚氨酯防腐系统中浸出不同有机物的研究被公开发表在该研究中，分析了涂层硬化时长和析出有机物的相关性，分析结果与早期同类分析结果一致。涂层必须在岸上涂覆和硬化，以减少排放，同时避免未完全固化的涂层材料直接入水造成的排放。然而，目前尚不清楚在海上维护涂层的频率，这可能会产生额外的排放（尤其在涂装过程中），但这一排放很难量化。

(1) 双酚A

双酚A（或F）二缩水甘油醚是环氧树脂的常见起始产品，涂覆后，涂层可能含有微量的可浸出双酚A或双酚F。双酚也可以用作成分化合物，在环氧树脂中作为游离双酚A，很少用于海上工业涂料。对于不含任何游离双酚A成分的环氧树脂，评估研究仅假设残留双酚A水平为10ppm，可能会被滤出并进入环境。这一估计不包括风化、损害或任何其他残留或替代双酚的释放，如双酚F。此外，从涂层中滤出双酚A和其他化学物质取决于几个因素：产品之间不同的树脂中双酚A的浓度、使用量、树脂的使用方式、盐水条件、阳光照射和涂层的应力腐蚀开裂都会影响排放。现有数据不足以估计总排放量，需要进一步研究。

尽管没有天然来源，但双酚A在环境中已经无处不在，并被大量生产，因为它可被用于生产不同的聚合塑料和环氧树脂。2008年，双酚A总消费量的17%~30%用于生产环氧树脂，欧洲船舶涂料用环氧树脂的估计年用量为51吨。双酚A（或作为替代品的双酚F）和环氧氯丙烷之间的反应是环氧树脂的关键产品。环氧树脂广泛用于船舶和海上风电机组的涂料。

只有少数研究表明，在实验室或饮用水等不同应用中，双酚A和双酚F都可以从环氧涂层中浸出。大多数沥滤研究侧重于消费品（如水瓶）中的双酚A，因为它是人类的直接吸收源。在海洋环境下，双酚A经常被认为是海洋垃圾、微塑料或河流输入物的沥滤结果。

双酚A作为环境问题物质正在讨论之中。此外，环氧树脂的不同反应产物目前正在评估中，包括：4,4′-异亚丙基二苯酚（双酚A），与1-氯-2,3-环氧丙烷的低聚反应产物；甲醛，与1-氯-2,3-环氧丙烷和苯酚的低聚反应产物；2,3-环氧丙基新癸酸酯；2,3环氧丙基邻甲苯基醚。因为怀疑它们是潜在的内分泌干扰物。双酚A还被列入《保护东北大西洋海洋环境公约》潜在关切物质清单。作为污染物的一项环境质量标准，海水中双酚A的临时预测无影响浓度（PNEC）为0.15μg/L。第一次研究也证明了替代品的生态毒理学效应，如BPF。据报道，在开阔的北海和波罗的海，双酚A的环境浓度普遍较低，低于PNEC值。德国易北河清洁工作组、德国联邦海事和水文局仅在河水样本中检测到双酚A，在开阔的北海没有检测到（检测限为50ng/L）。在波罗的海格但斯克湾，表层水中的平均双酚A浓度为59.2ng/L，底层水中的平均双酚A浓度为79.2ng/L。尽管目前还不知道涂料排放的范围，但是海上风电机组可能是有机化学品的一个新的点源，如北海和波罗的海的双酚A，因为目前的背景浓度普遍较低。

(2) 其他有机物

从各种涂料产品的安全数据表中筛选成分信息表明，多种酚类化合物，如对叔丁基酚、辛基酚、壬基酚或十二烷基酚（及其异构体）和其他几种有机化合物（如二甲苯及其异构体、乙苯、甲基异丁基酮、三甲基苯、乙基甲苯、丙基苯、丁基乙酸酯、3-乙氧基丙酸乙酯、1-甲氧基-2-丙醇及其乙酸酯、苯甲醇），经常在涂料中用作溶剂、黏度调节剂或硬化催化剂，尤其2,4,6-三环氧低聚物的环氧固化剂主要是二胺、多胺、聚（氨基酰胺）和咪唑衍生物。下列二胺用作最常见的固化组分：间苯二甲胺、异佛尔酮二胺、1,5-二氨基-2-甲基戊烷、1,2-二氨基环己烷和三亚乙基四胺。在聚氨酯中，通常不使用醇或酚类化合物，因为会出现硬化问题。壬基酚和壬基酚聚氧乙烯醚已经被列入欧洲化学品管理局和《保护东北大西洋海洋环境公约》的环境关切化合物清单，并且已经被限制在与消费者直接接触的应用中（如纺织品）。水生环境的质量标准值包括4-壬基酚（4-壬基酚，0.33μg/L PNEC）和壬基酚（0.3μg/L EQS）。蒙彼利埃大学在2009年调查了海洋环境中壬基酚和辛基酚的存在情况。

由于对环境条件下可浸出部分的研究很少，因此关于涂层固化后，化学物质向环境排放的知识非常有限。目前采用更复杂的分析方法进行研究，如结合沥滤实验的非目标筛选或树脂本身进行分析，可能会揭示涂层向环境排放的新兴物质。德国联邦水文研究所的研究证明了有机化合物可从单组分聚氨酯中浸出到水中，所释放化学物质的量取决于硬化和浸出持续时间。该研究中鉴定的化合物属于五个化学组，即氨基甲酸（甲苯磺酰）酯、对甲苯磺酰胺、4,4′-亚甲基二苯基二异氰酸酯、甲苯二异氰酸酯和对甲苯磺酸的衍生物。除了完整涂层的沥滤相关排放，变质和损坏也可能增加底层涂层的沥滤，也是颗粒排放的来源。如前所述，涂层的预期寿命为15~20年，在最初的15年内，涂层表面的故障率至少为10%~20%。德国的米尔汗股份公司对海上风力传输平台防腐系统的性能评估证明了涂层材料的这种损失，并指出这些损坏大部分是由于结构设计和机械负荷造成的，此外，在修船设施、废弃建筑和停航船只附近也观察到了防污漆等颗粒的富集。

7.2　海上风电对生物的影响

海上风电场的开发建设规模较大,建设期和运营期将给海洋生态环境造成一定影响,系统全面、科学客观地掌握国内外海上风电对生物影响的研究进展,对促进海上风电行业和海洋环境保护的协同发展具有深远意义[4]。

1. 对鸟类的影响

海上风电场建设期桩基安装的噪声、运营期涡轮机叶片碰撞及电磁场都会对鸟类产生影响,主要体现在以下4个方面[4]:

- 影响鸟类行为,如使鸟类产生趋避行为;
- 影响鸟类栖息地和觅食;
- 风电机组干扰或形成屏障,影响鸟类迁徙;
- 因碰撞而引起的死亡。

2. 对鱼类的影响

海上风电场对海洋鱼类的影响主要体现为噪声和电磁场的影响,主要有以下6个方面[4]:

- 水下打桩噪声影响鱼类行为,甚至引起死亡;
- 建设期影响鱼卵和幼鱼的生长发育;
- 运行阶段所产生的噪声可能会导致鱼类的通信受阻或方向迷失;
- 施工导致海底泥沙和沉积物悬浮或含油废水泄漏污染海域水质,影响鱼类生活;
- 电磁场影响周围鱼类的分布和迁移模式;

- 电磁场可能会影响鱼类的胚胎早期发育。

3. 对海洋哺乳动物的影响

海上风电场对海洋哺乳动物的影响主要源于噪声，影响主要表现在[4]：

- 使海洋哺乳动物听力损伤；
- 使海洋哺乳动物产生躲避行为；
- 对海洋哺乳动物繁殖可能有影响。

由风电场产生的电磁场也可能对海洋哺乳动物行为产生影响。

4. 对底栖生物的影响

建设风电场最好的海底地质条件是软沉积物区。这也正是许多底栖生物适宜的生境。海上风电场对底栖生物的影响包括[4]：

- 建设期引起水质污染，改变或破坏生境；
- 运营期改变沉积物组成，影响底栖生物群落结构。

5. 对浮游生物的影响

海上风电场会影响海洋水文环境，进而影响浮游生物的聚集。人工海底建筑会导致海床环境的改变，导致无脊椎动物等底栖生物发生改变，进一步影响藻类的组成结构。在工程建设期间对工程水域浮游生物的影响是短期的、可逆的，在运营期间影响很小，风电场基础可为浮游生物提供固着场所，从而促进浮游生物的连通性[4]。

6. 对海洋生物多样性的影响

近年来，国外有些学者认为，风电场的建设对海洋生物有一定的积极作用，风电场的建成会增加海洋生物的栖息地，栖息地的增加对增加当地物种的丰度、保护当地物种的多样性有一定的积极作用[4]。

7.3 融合发展新模式

大规模发展海上风电,不断走向深远海,进一步强化上下游产业链的深度融合,重视海洋资源的保护和综合利用,把环境约束转化为绿色机遇,是目前发展的大趋势,结合海上风电基地,打造风能、氢能、海水淡化、储能及海洋牧场等多种能源和资源集成的海上示范工程,发展培育壮大海上风电产业集群,推动海上风电产业可持续发展,已成为目前海上风电融合发展的新业态和新模式。

7.3.1 海上风电+海洋牧场

海洋牧场在实践中存在供电难、供电不足的问题,导致大型现代化海洋牧场增养殖设备、资源环境监测设施等无法使用和维持,出现增养殖效率低、劳动强度大等问题。同时,海上风电机组离岸较远,导致电力输送损耗大,电网运维成本高。

根据海洋牧场与海上风电场的特点与所遇到的技术问题,研究人员将两者融合开发:空间融合,水上水下、集海面与海底空间立体开发,综合利用海面风能与海洋生物资源,实现清洁发电与无公害渔业产品生产空间耦合;结构融合,通过开发增殖型风电机组基础,实现风电机组基础底桩与人工鱼礁的构型有机融合,进而达到资源养护、环境修复的功能融合;功能融合,综合利用季节性渔业生产高峰(春季、夏季、秋季)与风力发电高峰(冬季),实现海洋牧场内生物资源与风力资源周年持续利用生产时间融合。

目前,以德国、荷兰、比利时、挪威等为代表的欧洲国家,已于

2000年实施了海上风电和海水增养殖结合的试点研究[5]。2020年5月，我国中集来福士建造的"耕海1号"现代海洋牧场综合体平台项目顺利交付使用。

海洋牧场与海上风电融合发展是集约用海的重要新型产业模式与未来发展方向。我国亟待通过实验研究海上风电与海洋牧场的互作机制，探明海上风电对海洋牧场的影响机理，建立海洋牧场与海上风电融合发展新模式，实现清洁能源与安全水产品的同步高效产出。

7.3.2　海上风电+波浪能

海水受海风作用和气压变化等影响，会离开原来的平衡位置，发生向上、向下、向前和向后运动，形成波浪。波浪是一种有规律的周期性起伏运动。波浪能发电机组可将周期性波浪能转换为电能。

将波浪能发电机组分别安装在风电机组基础的平台上和平台下，根据波浪方向调整角度，捕获波浪能。根据测算，波浪能的利用率可以高达60%~80%。此外，波浪能发电机组可以抵消平台波浪前进方向的能量，提高运维船泊靠时的安全系数。这也是波浪能和海上风能结合的另一大好处。

7.3.3　海上风电+制氢、储氢

大规模海上风电场投产后，如何解决海上风电并网及消纳，成为当前迫切需要解决的问题。随着氢能技术，特别是制氢、储氢技术的发展，以风电制氢为代表的新能源制氢技术逐步成熟，基本具备产业化条件。因此，突破传统的氢能概念，可利用海上风电直接制备氢气，通过液氢或高压氢的储运技术输送到氢能源市场。通过海上风电制氢所获得的"绿氢"具有

无碳、可储存、可运输和分散的特点，使海上风电跨越电力输送渠道，成为与石油和天然气类似的一种优质战略能源类型。此外，海上风电逐渐走向深远海，新建输电设施成本较高，利用现成的天然气管道可以大大降低成本，因此越来越受到世界各国的重视：荷兰PosHYdon项目是世界上第一个海上风电制氢项目；英国Rsted公司的1.4GW Hornsea 2海上风电场将与Gigastack制氢项目连接生产绿色氢气；比利时Hyport Oostend海上风电制氢项目；等等。

海上风电——氢能综合能源系统的定义：利用间断式、不均衡的风电制氢和储氢的综合能源系统。该系统包括风力发电、海水淡化装置、水电解制氢装置、储氢装置、燃料电池发电装置、配电设施及相关管线、风电机组监控系统及配套的电气接入装置等。其中，水电解制氢装置的定义：以水电解工艺制取氢气，水电解装置、分离器、冷却器等设备的统称。

制氢系统集成布置于海上升压站，储氢和加氢系统布置在陆上集控中心。储氢系统的高纯氢气可作为化工原料使用，实现系统的"电氢"联供[6]。

参考文献

[1] 陶毅，王强，许肖梅.海洋风电场水下噪声评估与管理研究［J］.环境监测管理与技术，2021，33（02）：1-4+8.

[2] 蔡灵，姜尚，马丽，等.海上风电电磁辐射对海洋生物影响的研究综述［J］.海洋开发与管理，2019，36（12）：72-76.

[3] Kirchgeorg T, Weinberg I, M Hörnig, et al. Emissions from corrosion protection systems of offshore wind farms: Evaluation of the potential impact on the marine environment［J］. Marine Pollution Bulletin, 2018, 136（11）：257-268.

[4] 苏文,吴霓,章柳立,等.海上风电工程对海洋生物影响的研究进展[J].海洋通报,2020,39(03):291-299.

[5] 杨红生,茹小尚,张立斌,等.海洋牧场与海上风电融合发展:理念与展望[J].中国科学院院刊,2019,34(06):700-707.

[6] 郭梦婕.综合需求响应模式下含电制氢装置的能源系统优化运行研究[D].上海:上海交通大学,2020.

第 8 章
海上风电机组标准及认证

8.1 概述

海上风电机组认证是机组设计制造行业的基本准入制度。在设计和制造过程中，需制定相关标准作为依据，并借由完整的认证流程及方式实现对整个过程的监督与管束，引导风电机组制造行业健康发展[1]。海上风电机组认证始于丹麦。1983 年，丹麦大力鼓励和支持风力发电，风电产业快速发展。一时间，风电技术及设备花样百出。为促进风电机组安全稳定运行，丹麦政府投入大量资金支持相关认证研究，以规范风电市场，把控风电机组的产品质量，提高风电机组的运行可靠性，推动风电产业健康、稳定发展[2]。认证标准被首先运用于陆上风电机组，取得了良好的效果。相对于陆上风电机组，海上风电机组面临高盐雾、多雷暴、多台风等外部环境条件，不同海域水文地质条件存在明显差异，评估与认证更为复杂，设立适合海上风电机组的相关规范对海上风电健康发展至关重要。

8.2 海上风电机组标准

8.2.1 通用的几类标准

海上风电机组标准首先在丹麦、德国和荷兰得到发展与应用。随着风电制造商、供货商、投资商、运营商、相关金融及保险机构对认证重要性认识的加深，英国、美国、希腊、印度、西班牙和中国等都从各自的需求出发，建立了各自的认证体系[2,3]。相关的海上风电机组认证标准主要包括 IEC 61400-3、GL 海上风电指南、丹麦建议书、DNV-OS-J101 和 IEC WT01 等，相应的适用范围见表 8-1[1-3]。

表 8-1 海上风电机组各标准适用范围

标准	项目认证	载荷	支撑结构	机械部分	安全、电气和CMS
IEC 61400-3		√	(√)		(√)
GL 海上风电指南	√	√	√	√	√
丹麦建议书		√	√		
DNV-OS-J101		√	√		
IEC WT01（陆上）	√	(√)			

注：√，表示该标准可以独立处理科目；(√)，表示该标准只能部分处理或涉及其他标准。

1. IEC 61400-3

IEC 61400-3 发行于 2005 年，描述了海上风电机组的最低设计要求，规定了海上风电场场址外界条件评估要求，以确保海上风电机组工程完整性的基本设计要求，目的是提供一个适当的防护级别，防止在设计年限中受各种危险因素的破坏。该标准不是完整的设计规范或安装指导手册，需要与相应的 IEC/ISO 标准一起使用。特别是，该标准完全符合 IEC 61400-1 的要求，在一些需要全面清晰说明要求的帮助条款中，包括 IEC 61400-1 的内容[4]。

IEC 61400-3 是 IEC 61400 系列标准中的一个，主要针对设计要求、风力机的安全性和风力机的测试，重点放在载荷假设的确定上，有关场地评估和载荷假设的细节也包含在其中，相关材料、结构、机械零部件和系统（安全系统和电力系统）等方面被简要提及或被省略。在相关标准选取方面，IEC 61400-3（同 IEC 61400-1）阐述如下：当确定一个风力机结构整体性的各个内容时，可采纳国内和国际上相关材料的设计标准。当国内和国际设计标准中部分安全因素与该标准中的部分安全因素共同使用时，则需要特别注意。必须保证结果的安全水平不低于该标准中预期的安全水平[3]。

总之，IEC 61400-3 定义了载荷假设和安全水平，以国内和国际上设计规范的应用为依据，确定结构、机械、叶片安全和电力系统中的完整性[3]。

2. GL 海上风电指南

德国劳氏船级（GL）于 1995 年发布了首个海上风电机组认证规范，后来在大量海上风电场设计、认证和运行经验的基础上，于 2005 年进行彻底修订，形成较为完整的版本。2012 年，该规范进一步完善形成最终的版本。GL 海上风电指南提供了对整个风电机组的设计要求，涵盖了海上风电机组设计中认证程序、载荷、材料、结构、机械、风轮叶片、电力安全和工况检测等所有内容[3]。

安全体系遵循陆上风力机已获得的知识经验，即载荷安全系数与 IEC 61400-1/-3 标准相符，材料的安全系数虽与 IEC 标准相似，但更加具体。IEC 标准只是用概括的方式来指定材料的安全系数，并没有考虑特殊材料本身。相反，GL 标准在指定材料安全系数时考虑了材料本身的力学特性。例如，相对于焊接结构，土壤抵抗力的安全系数比较保守，因为土壤阻力的确定有相当大的不确定性[1,3]。

型式认证与项目认证范围在 GL 海上风电指南中都有概述。项目认证有 A 级认证和 B 级认证，用户可以选择对风电场中全部风电机组（100%）进行监测（A 级）或随机在四台风电机组中选出一台，即对 25% 的风电机组进行监测（B 级）。这就意味着要开展项目认证，一个风电场中最少有 25%（B 等）的风电机组需要被第三方监督监控[2]。

3. 丹麦建议书

丹麦海上风电机组的技术认证强制规范于 2001 年颁布，是"丹麦风电机组型号批准和认证的技术标准"和"风力发电机组结构安全和载荷实施规范"（DS 472）的一个附件，包含海上风电机组批准所需技术要求的说明及补充信息，主要用于规范海上风电机组载荷和基础问题，涵盖避雷、标识、噪声排放和环境影响评估等问题。丹麦建议书中并没有给出对机械、电气和安全系统的海上特殊要求[1,2,5]。

4. DNV-OS-J101

挪威船级社（DNV）于 2004 年颁发了第一部有关海上风电机组结构设计的标准。该标准只涵盖风电机组的（支撑）结构，可应用于所有机舱以下的结构，包括地基和泥土，设计原则和要求涵盖钢筋混凝土结构、灌浆连接、防腐蚀、载荷效应、运输和安装等，不包括海上风电机组型式认证中所要考虑的风轮叶片、机械零部件、电力设备、安全系统及工况检测等整个系统[3]。

5. IEC WT01

IEC WT01 阐述了风电机组认证的基本原则和程序，尽管与海上风电机组无关，且没有给出任何设计要求，但有关项目认证的定义却被应用于一些海上风电场的项目认证中。这是由于：一方面，目前还没有其他的标准给出有关海上风电机组的认证体系；另一方面，WT01 提供了"便捷的项目认证"。总之，IEC WT01 是一个国际性标准，为型式认证和项目认证定义了标准和程序。GL 海上风电指南借鉴了 WT01 在海上风力机组的项目认证和附加监督的优点。目前 IEC WT01 已经修改完善并将海上风电场认证纳入其中，可用于风电机组制造、运输、安装和调试过程中的第三方监督，对项目整体情况和设计文件进行鉴定性的评估[5]。

8.2.2　海上风电机组标准的挑战

1. 海上风电机组复杂的载荷工况

海上风电机组的外部环境条件是获得设计载荷的关键。与陆上风电机组相同，海上风电机组也包括正常载荷工况、极端载荷工况、特殊载荷工况及运输载荷工况等。不同之处在于，海上风电机组增加了特有的海上波浪载荷工况[1]。在海上风电机组所受载荷中，风、波浪和海冰载荷通常作用在海上风电机组支撑结构上。除此之外，风电机组还要受到海流载荷的次要作用。经初步分析表明，在大多数情况下，风和波浪载荷是两个主要的载荷来源。这一非线性、多物理耦合过程为海上风电机组的载荷计算带来了巨大挑战。在一些地区，像波罗的海北部，海冰连带着极强的海风是风电机组设计主导外部因素。通常认为，在安装风电机组的近海地区，海冰一般不会与波浪一起出现。在设计海上风电机组时，必须遵循"真实环境所获得的信息越少，载荷中保守成分就越高"[5]的原则。

2. 大型化海上风电机组的整体设计

大型化海上风电机组的整体设计存在严峻挑战。海上风电机组的安装、运维比陆上风电机组更为困难。风电机组需要配置单独的基础。为降低工程造价，减少风电机组全生命周期度电成本，海上风电机组的单机容量远远超过陆上风电机组。以前的海上风电场，海上风电机组主要通过陆上风电机组改进得到，经常发生严重故障。随着海上风电场大型化和水域位置的不断加深，大容量风电机组得到大力发展和广泛应用。当风轮直径超过200m时，风轮及其他部件的安全问题存在严峻挑战，空气动力学、结构设计、运输、安装、运行和维修都受到影响，需要采用新的工程解决办法。这涉及风电机组设计和分析的各个方面，将对现有的标准和指南产生更多的改进需求[3]。

3. 海上风电机组复杂的外部环境

海上风电机组的外部环境条件复杂，面临台风、雷暴、盐雾等恶劣天气，加上海底复杂多变的地质条件，对海上风电机组的安全准则、抗台风技术、防雷技术、防腐技术、通风散热技术及冲刷防护技术提出更高的需求，为相关标准的改进带来更大的挑战。

8.3 海上风电机组认证

8.3.1 风电机组认证的发展

风电机组认证是保障海上风电设备质量和可靠性的有效手段，已有将近35年的历史，对促进世界风电业的发展起到了积极而重要的作用。以欧洲风电为代表的国际风电产业已形成日益清晰完整的风电机组整机和零部件技术标准，建立了涵盖设计评估、质量管理体系评估、制造监督和样机试验等环节的风电机组型式认证体系，为风电设备制造和采购提供了技术安全保障。在初始阶段，全世界范围内，只有丹麦、德国和荷兰三个国家对海上风电进行强制性认证。这三个国家目前依然在认证的发展和应用领域处于领先地位。近年来，许多国家，如希腊、印度、西班牙、瑞典、美国和中国等也逐渐认识到对风电机组及其安装过程进行完整评估和认证的必要性，正在利用第三方认证对项目的设计与实施、产品的设计与生产进行评估。在国际上，开展风电机组认证的第三方机构很多，包括 GL WIND、TUV-NORD（北德认证）、TUV-SUD（南德认证）、BSI（英国标准协会）、EV（易维认证）和 SGS（瑞士通用公证行）等[1,5]。

海上风电机组认证过程中，各相关定义如下。

（1）认证范围

海上风电机组（整机）及重要零部件（叶片、齿轮箱、发电机、基础、塔架等）的型式认证及海上风电场的项目认证。

（2）认证依据

依据相关的国家标准与行业标准、相关的国际标准。

(3) 认证机构

风电认证理事会授权并委托认证中心进行海上风力发电的型式认证和项目认证，海上风电设备检测中心和技术委员会为海上风电机组认证提供技术支撑。

(4) 认证模式

海上风电机组认证模式包含型式认证和项目认证。其中，型式认证是通过产品设计评估、生产安装评估、质量管理体系和样机测试等工作，对新型号的风电机组对规范、标准的符合性进行评估；项目认证是评估已通过型式认证的海上风电机组及重要零部件是否能与环境相关因素相适应，以及是否满足与场地有关的其他要求，认证机构应评估场地的风能资源条件、海况、电网条件及土壤特性，是否与定型的海上风电机组设计文件和重要的零部件设计文件所确定的参数一致。在项目认证中，单独的海上风电机组/风电场在生产、运输、安装和试运行过程中将被监控，在固定周期执行定期监控。

认证是确保风电机组安全和可靠性必不可少的重要环节，从陆地转到海上，必然会给认证工作带来许多新的挑战，不仅要求认证机构具有坚实的认证技术实力，而且更要具备雄厚的海上技术能力[1,5]。

8.3.2 海上风电机组型式认证

1. 型式认证步骤

当进行型式认证的时候，需要评估海上风电机组的整体概念。型式认证涵盖海上风电机组的全部组成部分，也就是要检查、评估、认证风电机组的安全、设计、结构、工艺和质量。型式认证的步骤和内容主要包括产品设计评估、生产安装要求、质量管理体系和样机测试等，评估合格后，获得型式认证证书，如图 8-1 所示[5]。

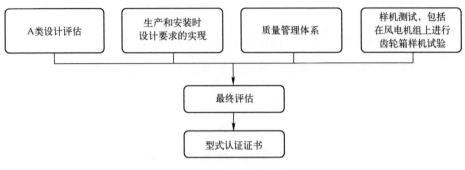

图 8-1 型式认证步骤

设计评估是对产品的安全可靠性进行评估，通过对产品的设计图纸和技术文件的审批和（或）风电机组及重要零部件的运行试验验证，证明设计满足相关规范、标准和（或）适用技术条件及设计的要求。如果产品完成了设计图纸及技术文件的审批和（或）风电机组与重要零部件的运行试验验证，符合相关要求，则颁发设计评估证书。

生产和安装时，设计要求的实现是指评估机构通过对工厂生产、检验条件和生产工艺的考察，以及对工厂制造申请范围内的产品所涉及的产品质量保证能力的评估，结合产品的型式试验或检验结果，对工厂具备生产符合相关标准产品的能力和水平的一种评估，确保在生产和安装过程中能够遵守并实现零部件相关技术文件中列出的要求。

在质量管理体系（QM）范围内，制造厂商应当证明其在设计和制造方面能够满足 ISO 9001 要求，一般通过授权认证机构的质量管理体系认证就可实现。

样机测试通常包括功率曲线测量、噪声测量、电气属性测量、风电机组特性测试、载荷测量等。

2. 认证测试的主要内容

（1）功率特性测试

● 为了得到功率特性曲线，预计海上风电机组年平均发电量。

- 内容包括风速、风向、大气压力、大气温度、空气密度和相对湿度，等环境参数和海上风电机组功率等运行状态参数。

- 采用 GB/T 18451.2 或相关标准进行测试。测试完成后，应把测试得出的功率特性曲线与设计时的功率特性曲线进行对比，特别注意判定与对应的额定风速和额定功率假定值是否充分一致。如果风轮、叶片类型或风轮直径改变，则应对功率特性进行重新测试。如果与风轮的额定转速有偏差，则应对功率特性进行重新测试。

- 功率特性曲线包括如下内容：标准功率曲线；功率系数曲线；风湍流引起的功率散点图；按风速分布的功率特性数据表；根据标准功率曲线，计算年平均风速（轮毂高度处）的风电机组理论年发电量；测试期间每日的温差；测试误差分析。

(2) 载荷测试

- 载荷测试是对设计计算及特定条件下载荷的测量。测试应在与所提交认证的动力学特性及结构上相类似的风电机组上进行，在细节上可有所差异。为防止误差，申请人应提供测试海上风电机组的载荷及动力学特性预定值。

- 内容包括：叶片根部载荷（挥舞弯矩、摆振弯矩）；风轮载荷（俯仰力矩、偏航力矩和扭矩）；塔架载荷（2个方向的底部弯矩），必要时测量顶部弯矩；气象参数，包括风速、风向、空气温度、空气密度，必要时检测风切变和温度梯度；海上风电机组运行参数，包括电功率、风轮转速、桨距角、偏航位置、风轮方位角、电网条件等。

- 采用 IEC 61400-13 或相关标准进行测试，测试时，除按 IEC 61400-13 的要求外，还应测试与海况有关的所有载荷，以便验证载荷对海上风电机组的影响。

- 测试结果包括：数据描述表格；测量数据记录表；时间序列曲线，包括风速、叶片载荷、风轮载荷、塔架载荷；叶片的挥舞摆振弯矩及主轴扭矩随方位角的变化；载荷谱分析图；疲劳载荷谱；风速测量统计；运行参数统计；载荷统计；疲劳载荷统计；等等。

(3) 噪声测量

- 确认海上风电机组在运行时的噪声特性，包括一些环境的影响，要求根据噪声情况采取防护措施，并应确认噪声的减小和防护效能。环境噪声不应超过国家法律法规有关对附近居民影响程度的规定。海上风电机组噪声排放特性值采用合适的方式通过测试和分析后确定。

- 内容包括：风速为 8m/s 时的声强、声压级；1/3 倍频程声压；声调；三个定点位置的声音传播方向；最低极限值以上的噪声频率；等等。

- 按 IEC 61400-11 或相关标准进行测试，应特别注意风轮、叶片的类型、塔架高、塔架类型及齿轮箱的类型（如有）。

- 测试结果包括：计算风电场相应测试点的声压级并进行噪声评估；非标称声压级窄带频谱可能存在的噪声声调。

(4) 电能品质测试

- 用于电能品质测试的单台海上风电机组，其容量应远远小于所连电网容量。

- 测试内容：

长期测试内容包括有功功率与风速的关系、无功功率与风速的关系、有功与无功功率的对应关系曲线、发电过程中电压的变化；

短期测试内容包括电压变化、电流变化谐波、电压闪变、冲击电流，按具体情况可要求增加其他测试，如电场分布的环境测试、电磁兼容（EMC）测试。

- 采用 GB/T 20320 或相关标准进行测试，当发电机类型或变频器类型（如有）改变时，应重新进行测试。
- 测试结果包括：电网供电情况；现场风能资源变化情况；有功功率与风速曲线；无功功率与风速曲线；无功功率与有功功率的对应曲线；电压（含闪变）、电流变化曲线；谐波成分变化曲线；等等。

3. 认证性能评估的主要内容

（1）功率曲线

在风电场运行阶段，通常使用 IEC 61400-12 标准来评定风电机组的功率曲线，包括以下部分：

- IEC 61400-12 第 1 部分：风电机组功率特性测量。
- IEC 61400-12 第 2 部分：单台风电机组功率特性验证——基于机舱上的测风仪。

在大多数风电机组供应协议（TSA）中都规定，在风电机组验收试验结束后的一周时间内，需要根据 IEC 61400-12 第 1 部分的要求，对给定风电场中一定数量的风电机组进行功率曲线验证。进行验证的风电机组数量从一台到总数的 5% 不等，验证时间从 3 个月到整个质保期不等，最长可达 5 年，且根据现场条件不同，需要进行现场校准。风电机组功率性能特征是由标准功率曲线和估算的年发电量（AEP）确定的。标准功率曲线是通过在现场测试时收集的同步风速和功率输出数据，并将其折算到标准状态下来确定的，数据收集期必须足够长，以便能够创建一个具有统计意义的涵盖全部风速范围、不同风况及大气条件下的数据库。AEP 是通过将标准功率曲线添加到给定的风速频率分布中计算得出的，此时假定可用率为 100%，将 AEP 与 TSA 的参考发电量相比较，一般可接受最多 5% 的偏差。

根据 IEC 61400-12 第 1 部分进行风电机组功率曲线测量是一个需要较长

时间、花费昂贵的过程，只适用于特定风电场中有限数量的风电机组，通常要求所测试的风电机组应具有代表性。IEC 61400-12 第 2 部分可用于验证一个风电场中单台风电机组的功率曲线，使用机舱风速计测量值作为风速数据源，而不是使用测风塔的数据，方法简便。

(2) 可利用率

① 可利用率的定义和计算。

可利用率是指在一定的考核时间内，风电机组无故障可使用时间占考核时间的百分比。其中，由风电机组设计所不能控制的运行情况而引起的运行时间损失不包括在内，如电网故障或由于限产原因而被要求停机等，通常按年度进行考核计算。

单台风电机组可利用率计算公式为

$$A(wt) = \frac{T_t - [D - (T_g + T_w + T_o)]}{T_t} \times 100\% \tag{8-1}$$

式中，$A(wt)$ 为单台风电机组可利用率；T_t 为考核期间总时长；T_g 为考核期间电网停电时间；T_o 为其他停机时间；T_w 为风况或其他环境条件超出规范时的时间；D 为考核期间总停机时间。

T_o 涵盖所有例外情况，如定期维护、不可抗力业主的指示、业主风险、雷击损坏、结冰、进入限制、通信、解缆等。

另外，如果风电机组的某个运行参数或状态参数在监控系统中不能显示或检测，则疑似某个故障被屏蔽而带病运行，若被确认属实，则相应的运行时长应视为故障停机时间，计入参数 D。

风电机组平均可利用率为

$$A(wf) = \frac{1}{N} \sum_{i=1}^{N} A(wf_i) \tag{8-2}$$

式中，$A(wf)$ 为风电机组平均可利用率；$A(wf_i)$ 为考核期间单台风电机组可利用率；N 为风电场中风电机组的数量。

② 风电机组可利用率评估。

在国内，通常要求风电机组制造商在质保期内保证可利用率不低于 95%，单台风电机组年可利用率不低于 85%。可利用率的保证值在合同中应有明确规定，没有达到保证值时，制造商应支付违约金作为性能下降的补偿。违约金计算公式为

$$LD = [E \cdot A(wwf) - E \cdot A(wf)] \cdot EP \tag{8-3}$$

式中，LD 为违约金；E 为考核期间风电场的理论发电量，基于 P50 发电等级，并将所有损耗因素考虑进去；$A(wwf)$ 为保证的风电机组平均可利用率；$A(wf)$ 为风电机组平均可利用率；EP 为考核期间平均电价。

同样，如果风电机组制造商通过提高管理、技术和服务水平，使风电机组的实际可利用率超过了保证可利用率，风电场业主也应该与风电机组制造商分享因可利用率提高而获得的发电收益。这在国外已成为惯例。一般风电场业主与风电机组制造商分享的发电收益是可利用率提高程度的 30%~40%。

③ 基于发电量的可利用率评估。

在条件允许的情况下，可以考虑以发电量为计算基础的可利用率考核，即评估发电量损失率（LPF）。

这里的发电量损失是指风电机组停机期间的发电量损失，以与停机的风电机组相邻的其他风电机组发电量为计算依据。风电机组发电量损失率的计算公式为

$$LPF_t = \frac{EL_t}{EP_t + EL_t + EC_t} \times 100\% \tag{8-4}$$

式中，LPF_t 为考核期间所考核的风电机组与制造商责任直接相关的发电量损失；EL_t 为考核期间所考核的风电机组与制造商责任直接相关的停机发电量损失，包括维修服务、风电机组故障、控制器中断和暂停；EP_t 为考核期间风电

机组的累计发电量；EC_t为考核期间所考核的风电机组与制造商责任无关的停机发电量损失，包括电网条件、气候环境条件、调度弃风和业主等其他原因的停机发电量损失。

风电场的发电量损失率计算公式为

$$\mathrm{LPF}_f = \frac{1}{N} \sum_{i=1}^{N} \mathrm{LPF}_{ti} \tag{8-5}$$

式中，LPF_f为考核期间与制造商责任直接相关的风电场发电量损失率；N为所考核风电场的风电机组数量；$i=1,2,\cdots,n$；LPF_{ti}为第i台风电机组与制造商责任直接相关的发电量损失率。通常，可要求风电机组制造商在质保期内保证风电场发电量损失率LPF_f不高于5%。

(3) 可靠性

与可利用率不同，一台风电机组的可靠性与设计生产、安装、调试和维护的质量好坏有直接关系。可靠性参数和指标的合理设定是真实反映风电机组质量的关键。

目前，国家电力监管委员会电力可靠性管理中心已经颁布实施了《发电设备可靠性评价规程》和《风力发电设备可靠性评价规程（试行）》。国际风电可靠性评价方法仍值得我们借鉴。

国外大多数主要的风电机组制造商近年来都统计风电机组的平均检修间隔时间（MTBI），并致力于提高结果，报告值在40~70d之间，由此验证产品的可靠性，以前（2000—2002年）的报告值仅为28d。

MTBI是两次定期或非定期维护之间间隔的天数。为了能够反映风电机组的真实可靠性能，需要按照以下方式计算MTBI：

- 必须按照风电机组类型和型号来计算，并基于一个较长的时间（至少6个月）；
- 将风电机组控制器的维护键（钥匙）切换到"LOCAL（本地）"便记

为一次检修；

- 如果维修键（钥匙）在同一天切换多次，则只记为一次检修；
- 如果一次维修连续几天，则仍视为一次单一事件；
- 强制的和业主要求的检查不计在内。

通过测量和计算 MTBI，不仅可以评价风电机组的可靠性，还可以评价维护风电机组的效率，具体参量如下：

- 平均无故障运行时间（MTBF）：直接衡量风电机组设计质量及其零部件可靠性的参量；
- 平均修复时间（MTTR）：直接衡量维修服务团队故障诊断和修复效率的参量，包括充足的备件保障；
- 公司维修服务团队的计划能力：维修服务团队在同一维修项目中计划和捆绑分项任务的能力，能够有效降低维修次数，提高 MTBF。

MTBI 是评价风电机组性能的一个有价值的参数。目前，中国还没有在风力发电领域采用 MTBI 评价方法。随着国内风力发电装机容量的快速增长，风电机组生产能力的不断扩张，风电机组可靠性问题将会越来越突出。因此，建议将 MTBI 列为评价风电机组可靠性的重要参数，通过强化对风电场运行信息的管理和监督，建立风力发电后评估机制和风力发电行业产品质量监督机制。相信在不远的将来，MTBI 会像在国外风力发电行业一样，成为风力发电产品质量评价的重要依据。

(4) 电网兼容性

随着风力发电装机容量的快速增长，电网接纳风力发电能力成为影响风力发电发展的重要因素。这就要求风电机组必须具有良好的电网兼容性，能够按照电网要求进行有功功率和无功功率的调节，电网出现短暂故障时，能够不脱网，支撑电网运行。

具体要求应符合正式发布的国家标准《风电场接入电力系统技术规定》修订版。

(5) 噪声曲线

风电机组的噪声曲线描述了噪声等级［单位为 B (A)］和风速之间的关系。风电机组的额定噪声等级是风速为 8m/s 时在 10m 高度测量的噪声等级。

变桨型或主动失速型风电机组可以将变桨活动限制在一定的包络面内，在风速为 8m/s 时，能够获得不同的噪声等级，通常可用来降低风电场噪声对附近住宅区的影响，然而却对功率曲线和发电量损耗产生影响。因此，现代化风电机组需要能够在功率曲线和噪声影响之间提供一个最佳平衡。一般要求风电机组制造商应提供在不同噪声等级下的功率曲线，最好已通过权威第三方机构认证，以供在风电机组采购阶段进行评估。

风电机组噪声曲线通常按照《噪声测量》（IEC 61400-11）的要求进行测量[5]。

8.3.3 海上风电机组项目认证

海上风电机组项目认证是对海上风电项目从设计、建造到运行整个生命周期的全过程严格监控管理，涵盖从风电场选址规划到设备的设计、制造、安装、调试乃至运行的各个环节，提供的是对整个风电产业链的认证服务。海上风电机组项目认证涉及的技术要素众多，能否进行认证，体现了认证机构的技术实力。

海上风电机组项目认证一般需进行如下步骤，如图 8-2 所示。

1. 场址评估

场址评估包括环境因素对海上风电机组影响的检查及海上风电场配置之间的相互影响，需要考虑以下因素：

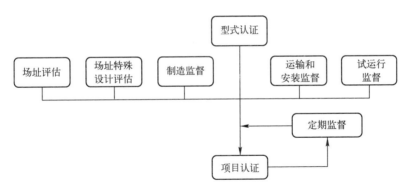

图 8-2 项目认证步骤

- 风况；
- 海况（海深、海浪、潮汐、海冰、海床冲刷等）；
- 工程地质条件（地形、地貌、地基土的构成与特征、场址的地震效应等）；
- 场址及风电场配置；
- 其他环境条件，如空气中盐含量、温度、冰雪、湿度、雷击和太阳辐射等；
- 电网条件。

这些场址条件将通过以下方面进行评估：测量报告的合理性、完整性；与标准规范要求的符合度；外部环境报告测量机构的资质；等等。

2. 场址特殊设计评估

场址特殊设计评估可细分为以下步骤：

- 场址特殊载荷假定；
- 场址特殊载荷与型式认证中载荷的比较；
- 场址特殊支撑结构（塔架、水下结构和基础）；
- 与型式认证相关的机械部分和转子叶片部分的修改（如果存在修改的话）；

- 机械部分和转子叶片的应力残余计算（若载荷高于型式认证过的机械部分数值）。

3. 制造监督

在制造监督开始之前，制造商应当满足一定的质量管理要求。通常质量管理系统应该按照 ISO 9001 进行认证。

制造监督范围和测量样本的数量取决于质量管理测量的标准，一般来说要进行以下操作和批准：

- 材料和组成部分的检查和测试（包括查看文件和记录、现场确认、管理者访谈等）；
- 质量管理记录的详细检查，如质量管理报告、型式认证的证书、认证机构、证书的有效期等；
- 制造监督包括存储条件和方法、随机取样等；
- 防腐保护的检查；
- 尺寸和公差；
- 大体外观、损伤等。

4. 运输和安装监督

工作开始之前，应提交运输和安装手册，如果需要，场址特殊环境应当考虑其中。这些手册应充分考虑运输的具体环境条件、设备属性、场址的主要安装条件（气候、工作安排）等。

监督活动的范围和将要测量样本的数量取决于从事运输和安装公司的质量管理标准，通常执行以下活动：

- 运输和安装程序的认可；
- 存在疑问的海上风电机组所有组成部分的鉴定和安置；

- 在运输过程中损坏部件的校验；
- 工作进度表的检查，如焊接、安装、浇筑水泥、拧紧螺栓等；
- 检查预定加工部件及将要安装部件是否满足生产质量要求；
- 以随机的原则监督在安装工程中的重要步骤，如打桩、水泥浇筑、风电机组的安装等；
- 浇筑和螺栓连接的检查，非破坏性试验的监督；
- 防腐保护的检查；
- 防急流保护系统的检查；
- 电气安装（走线、设备接地和接地系统）的检查；
- 海底紧固和海上操作的检查。

5. 试运行监督

试运行监督是对海上风电场中所有风电机组的监督，并确认海上风电机组可以运行并且符合所有的标准和要求。

试运行之前，必须提交开机手册和测试计划，生产商应当提供证据来证明海上风电机组已经被恰当地安装并且已经尽可能多地进行了测试，以确保操作安全。如果没有这些证据，则在海上风电机组投入运行时应当进行适当的测试。

试运行监督包括在实际试运行过程中由检查员对大约10%的海上风电机组的观察，其他风电机组会在试运行后接受检查。在试运行过程中，海上风电机组自身的运行和安全功能模式的所有功能都将被测试。这个过程包括以下测试和操作：

- 紧急按钮的机能；
- 各种可能操作条件下刹车的启动；
- 偏航系统的机能；

- 载荷遗失下的状态、超速下的状态和自动操作的机能；
- 整个海上风电机组的可视检查；
- 控制系统指示器的逻辑性检查。

6. 定期监控

为了维持证书的有效性，海上风电场的维护应该按照已被核准维护手册的要求执行，并且应当定期监控海上风电机组的状况，维护应当由授权人执行并记录备案。定期监控的时间间隔将在检查计划中说明。时间间隔可能会因海上风电机组状况不同而不同。

定期监控的内容如下：地基和防冲击保护（如果适当，只需详细阅读相关的检查记录）；基础；塔架；机舱罩；动力传动的所有部件；转子叶片；液压/气压系统；安全控制系统；电气安装；等等。

7. 项目认证的 A 级和 B 级

项目认证证书将在以上所描述的各步骤都成功完成之后颁发。在《GL 海上风电指南》中将项目认证证书分为两个等级。

- A 级项目认证证书：对 100% 的海上风电机组进行监督，也就是说，海上风电场中的所有风电机组都被监控，监督内容覆盖支撑结构及机械、叶片和电气系统中的重要部分。
- B 级项目认证证书：将以随机取样的方式对 25% 的风电机组进行监督，也就是说，至少有四分之一的风电机组被监控，监督内容包括支撑结构及机械、叶片和电气系统的重要部分。在监督中一旦发现较大错误，与认证设计背离或与质量管理背离，则监控风电机组的数量将要加倍。

8. 重新认证

在型式认证证书有效期满后，应要求制造商进行重新认证。完成此程序后，GL WIND 会出具一份型式认证证书，并附带一份重新认证证明，有效期为两年。

重新认证应当提交以下文件供 GL WIND 评估：

- 有效图纸的清单；
- 设计评估中部件设计修改的清单及（如可行）修改的评估文件；
- 最晚审计之后质量管理体系的变更清单；
- 此型号所有已安装风电机组的清单（至少说明此型号衍生机型的详细名称、序列号、轮毂高度、安装位置）；
- 已安装风电机组的所有损伤列表。

如果结构做了变动，则 GL WIND 要对其进行审查，并出具一份修改过的 A 类设计评估符合性声明[5]。

8.4 风险评估

风险评估部分包括各种有关风电场计划、开发、批准及运行风险。在评估过程中，尽职调查可以看作主导因素，主要根据所有详细标准评估技术、经济和法律风险，采用项目控制方式，向投资者、融资人或其他利益团体说明项目的可行性，具体包括技术控制、财务可行性、项目伙伴关系/合同的资质及其之间的交接部分[3]。

考虑到航运业的安全，有必要研究海上风电场的影响，以评估对交通及环境的相关风险。

在审批过程中，应当提交详细的风险分析，使负责的管理机构在充分理解标准的基础上进行评估，风险最小化估量。风险分析可为保险公司和风电场运营者提供必要的安全信息。

在审批期间,负责的管理机构规定了碰撞频率和风险的许可值。在计算出碰撞频率和风险值后,才可能进行评估,通过比较许可值和计算值做出有关核准的决定,不仅对降低风险措施的功效进行了论证,还会对计划风电场的验收产生直接影响[3]。

参考文献

[1] 吴佳梁,李成锋. 海上风力发电机组设计 [M]. 北京:化学工业出版社,2011.

[2] 方涛,宋清玉. 风力发电认证研究 [J]. 一重技术,2013 (3):71-74.

[3] 泰威德尔,高迪. 海上风力发电 [M]. 张亮,白勇,译. 北京:海洋出版社,2012. 12.

[4] Wind turbines-Part 3:Design requirements for offshore wind turbines:IEC 61400-3 [S].

[5] 袁越,严慧敏,张钢,等. 海上风力发电技术 [M]. 南京:河海大学出版社,2014.